細胞生物学

第2版

坪井貴司
Tsuboi Takashi

講談社

ブックデザイン　安田あたる
カバーイラスト　Martine
本文イラスト　双文社印刷
TS スタジオ

はじめに

私たちは約 37 兆個の細胞からできていますが，そのどれもが身体の中で大切な役割を担っています。この 37 兆個もの細胞は，精子と卵が受精してできた受精卵という 1 つの細胞から，計算上では，約 45 回分裂してできあがります。そしてこれらは，役割によって約 200 種類――神経細胞，肝細胞，心筋細胞，免疫細胞，脂肪細胞，筋細胞，内分泌細胞などに分化していきます。

心筋細胞は，私たちが全速力で走っているときや，はたまた寝ているときでも拍動し続け，死ぬまではたらき続けます。心筋細胞がこの拍動を継続して行うためには，神経細胞から拍動の命令を受け取る必要があります。また，拍動を続けるには，細胞にエネルギーが供給されなければなりません。そのためには，食事中に含まれる栄養素を小腸の上皮細胞で吸収し，心筋細胞の中に取り込んで，細胞小器官によって細胞が使えるような形のエネルギーに変換する必要があります。一方，小腸の上皮細胞の寿命は数日程度であるため，小腸では絶えず新しい細胞をつくらなければなりません。このような一連の生命現象を理解するためには，細胞内に存在する細胞小器官のはたらきや，細胞間の情報伝達，さらには細胞の生死をコントロールする細胞周期のしくみなどを理解する必要があります。

細胞生物学とは，細胞がどのような材料でできているのか，その材料がどのようなしくみで組み立てられて細胞の形になるのか，どのようなしくみで細胞は機能するのか，といったことの解明に焦点を当てた分野です。これは，細胞に使われる材料に不具合があるとどのような病気を発症するのかとか，細胞のプログラムのどこに不備があるとどのような病気を発症するのか，といったことの理解にもつながります。ですから，細胞生物学を学ぶことは，私たちの生と死のしくみを理解することにもつながると言えます。たとえ理系の方でなくても，細胞生物学を学ぶことは人生の大きな糧になるのではないかと思います。

しかし，細胞生物学と聞くと，どうも暗記することが多い分野のように感じて，身構えてしまう人も多いのではないでしょうか？　確かに，専門用語は多くあり，内容も膨大です。ですが，細胞生物学で用いられている論理や原理は，意外に単純であったり，似たものが多かったりします。

そこで，本書は医歯薬学系，看護学系，獣医学系，また生物学系の学生さんたちや，そのような進路を目指す高校生や受験生だけでなく，一般の方々の細胞生物学の入門書として，まずは気軽にお読みいただければと思っています。そして，読んでいただく中で，私たちの身体を形作り，日々はらたいている細胞について思いを馳せていただけたら幸いです。

本書が完成するまでには多くの方々のご尽力を賜りました。東京大学大学院総合文化研究科生命環境科学系坪井研究室のみなさんには，細胞生物学を学び，研究している学生さんたちならではの視点や意見をいただきました。そして，このような機会を与えてくださった講談社サイエンティフィク，また的確なアドバイスをくださった秋元将吾さんのおかげで本書を世に出すことができました。この場をお借りして皆様に厚く御礼を申し上げます。

本書を通して，生き物の生命現象を司る細胞の不思議さ，素晴らしさを味わっていただき，自分の身体のことや病気のことを知る第一歩としていただけたら，筆者として大きな喜びです。

さあ，細胞の不思議と素晴らしさが詰まった世界へようこそ！

2023 年 9 月

坪井貴司

休み時間の細胞生物学

contents

Chapter 3

DNAと遺伝子　37

Chapter 4

生体膜と輸送　57

Chapter 5

エネルギーを得るしくみ　77

Chapter 6

細胞の情報伝達　93

Chapter 7

細胞骨格　111

Chapter 8
細胞周期と細胞分裂　127

Chapter 9
細胞の死　145

Chapter 10

細胞がつくる社会　159

□ 細胞の基本
□ 真核細胞と原核細胞
□ 真核生物と原核生物
□ 細胞小器官①
□ 細胞小器官②
□ 細胞小器官③
□ 章末問題

Chapter 1
細胞とは

生命の基本単位である細胞とは何でしょうか？　また，生物と無生物の違いとは何なのでしょうか？　生物にはどんなものがいるのでしょうか？　細胞には，細胞の中を外界から隔てるための細胞膜や，エネルギーを産生するための機能を持ったミトコンドリアなど，さまざまな細胞小器官があります。このChapterでは，細胞の精巧なしくみとその不思議さについて感じてみましょう。

Stage 01 細胞の基本

生物とは何か？

私たちヒトの周囲にはさまざまな「生物」が存在します。哺乳類，鳥類，両生類，魚類にはじまり，植物も「生物」です。菌類も「生物」です。

このように，まったく異なる生物でも「生きている」と認識されるのはなぜなのでしょうか？　実は，生物として認識されるためには，必ず持っていなければならない基本的な５つの特徴（性質）があるのです。

１つ目の特徴は，**細胞**という小さな袋からできているということです。細胞を包んでいる膜は**細胞膜**と呼ばれます。私たちの周囲には非常に複雑な多種多様の生物が存在していますが，細胞はすべての生物の基本的な単位です。ヒトの場合，約37兆個もの細胞からできていますが，これらは均一な細胞の集まりではなく，赤血球や神経細胞といったさまざまな大きさ，機能を持った細胞の集まりです。逆にいえば，私たちヒトやネコ，はたまたスギのような複雑な生命体が形作られるためには，細胞がさまざまな大きさや機能を持った細胞へと**分化**し，集まる必要があります。また，細胞群が組織となり，１つの生命体になるためには，細胞と細胞の間での情報のやりとりも必要です。これらのしくみを**階層化**と呼びます。

２つ目の特徴は，一見同じ形をした生物を増殖によって生み出すということです。つまり，子孫を残すことができます。例えば，大腸菌のように１つの細胞からなる**単細胞生物**は，生殖を行わずに子孫を増やすことができます（**無性生殖**）。一方で，ヒトやネコのような**多細胞生物**は，オスとメスの間で生殖を行って子孫を残すことができます（**有性生殖**）。このような子孫を残すしくみを**自己複製**と呼びます。

３つ目の特徴は，**遺伝**です。自己複製した生物は，元の生物が持っていた特徴を受け継ぎます。これは，子孫が親の遺伝子を引き継ぐためです。この現象を遺伝と呼びます。また，生物が自己複製する際には，遺伝子の一部に**変異**が入ることがあります。このような変異が環境の変化に適応し，運よく子孫の形質に引き継がれる場合もあります。このような現象は

進化といいます。実は，遺伝子には一定の割合でランダムに変異が起こるので，進化も生物の特徴のひとつと考えられます。

4つ目の特徴は，**代謝**です。生物は，自分の力で外界の物質を取り込み，取り込んだ物質を用いて，細胞内で物質を合成したり，分解によってエネルギーを産生したりします。そしてその産生したエネルギーを使って，運動したり組織や個体全体を形作ります（図1-A）。これが代謝です。

5つ目の特徴は，周囲の環境変化に応じて適切に反応して，外界とは異なる内部環境を保つということです。細胞は外界からの刺激を受け取る機能を備えており，刺激に応じてさまざまな応答を起こします。この応答が積み重なることで，生物は環境の変化へ対応でき，内部環境を一定に保つことができるのです。このようなしくみを**恒常性**と呼びます（図1-B）。

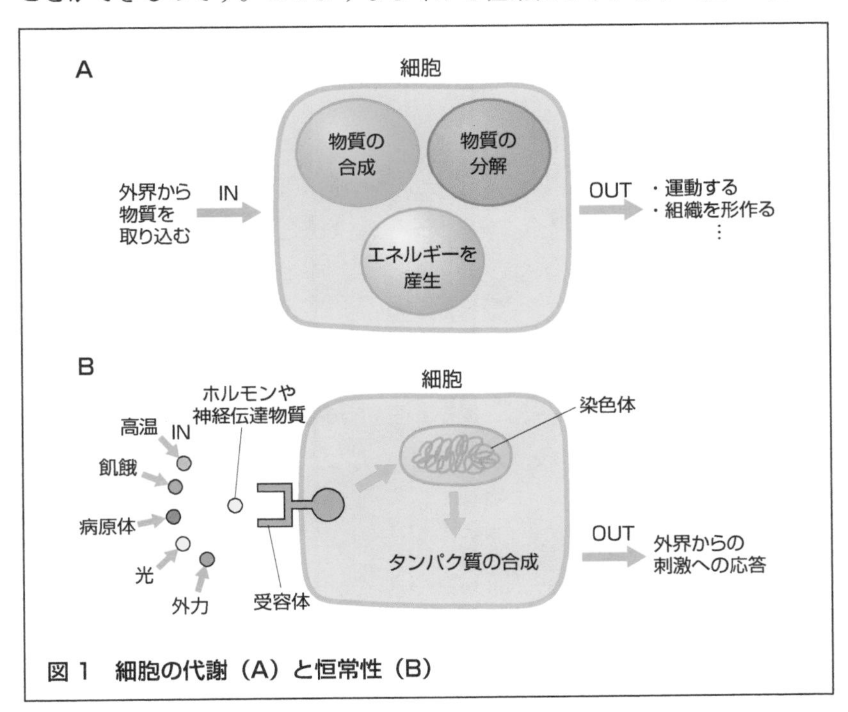

図1　細胞の代謝（A）と恒常性（B）

POINT 01

◆生物は，①細胞からできている，②自己複製する，③親の性質や特徴が遺伝する，④代謝を行う，⑤恒常性を保つ，という特徴を持つ。

Stage 02 真核細胞と原核細胞

見た目にどのような違いがある？

生物を細胞の構造で分類すると，内部に**核**（**細胞核**）が存在する**真核生物**と，核が存在しない**原核生物**の２つに大別できます。真核生物には，動物，植物，酵母などの単細胞生物が含まれます。原核生物には大腸菌や乳酸菌などが含まれます。真核生物の核の中にはDNAが**核膜**に囲まれて存在していますが，原核生物の細胞では，DNAは核膜に囲まれていません。細胞内の構造の違いから，それぞれを**真核細胞**，**原核細胞**と呼びます（図2.1）。

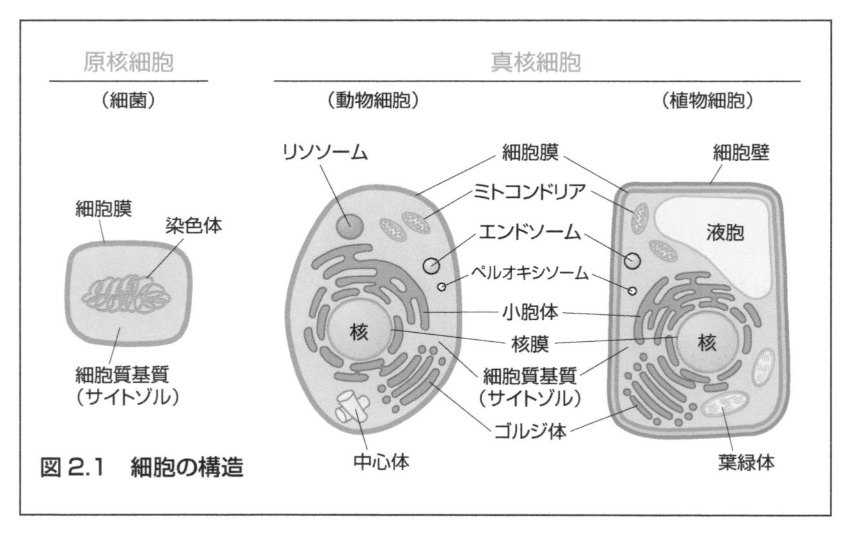

図2.1　細胞の構造

原核細胞の直径は1～10 μm（1 μmは1,000分の1 mm）であり，真核細胞は10～100 μmで，大きさには10倍の差があります。真核細胞の大きな特徴は，膜で囲まれた多数の**細胞小器官**（**オルガネラ**，**細胞内小器官**）が存在することです。細胞小器官には，タンパク質の合成を行うリボソームや，エネルギーの産生を担うミトコンドリアなど，それぞれに機能や役割があります。植物細胞には，光合成を行う**葉緑体**や，不要物の貯蔵などを行う**液胞**といった，動物にはない細胞小器官が見られます。一方，原核細胞には細胞小器官がほとんどありません。細胞小器官の詳しいしくみについては，Stage 04 以降で学んでいきましょう。

真核細胞も原核細胞も，内部は液体によって満たされています。この部分を**サイトゾル**や**細胞質基質**と呼びます。サイトゾルには，カリウムイオンやカルシウムイオンなどのイオン類のほか，多種多様なタンパク質やその原料であるアミノ酸，エネルギー源のグルコースなどが溶け込んでいます。また，真核細胞のサイトゾルには，細胞の形態を維持し，細胞の運動に必要な物理的な力を発生させる**細胞骨格**が存在します。

原核生物の細胞には，核だけでなくリボソーム以外の細胞小器官の多くも存在しませんし，細胞骨格も持ちません。その代わり，**鞭毛**（べんもう）という移動のための細胞小器官を持つものや，独自で光合成を行うものがいます。

原核生物はすべての生物の祖先に最も近い生物で，**細菌**（バクテリア）と**古細菌**（アーキア）に分けられます。そして，この古細菌の中から細胞内に細胞核を持つものが現れ，真核生物へと進化したと推測されています（→ P.90 コラム，図 2.2）。

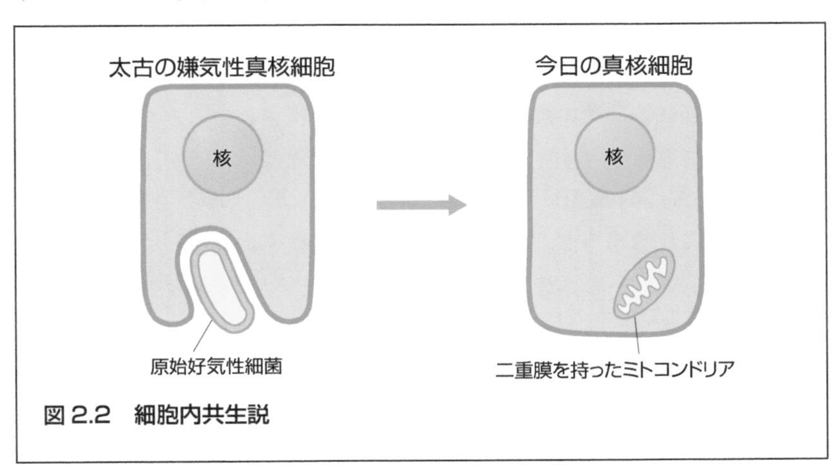

図 2.2　細胞内共生説

POINT 02

- 生物は核の構造によって真核生物と原核生物に大別される。
- 真核細胞には細胞小器官と呼ばれる構造体があり，それぞれが機能や役割を担っている。
- 原核生物は，細菌と古細菌に大別される。

Stage 03 真核生物と原核生物

生き方にはどんな違いがある？

細胞核を持つ真核生物は，遺伝情報を保存するDNAをより多く収納することができるため，遺伝子の数と種類を増やすことが可能になり，結果としてそれまでの原核生物とは違う生き方を手に入れました。このことは，DNAの構造にも変化をもたらします。真核細胞のDNAは末端が線状であるのに対し，原核細胞のDNAは末端のない環状構造をしています。

DNAの使い方にも違いが生まれました。真核細胞は，DNAに保存されている1つの遺伝情報から多種類のタンパク質を作り出す，スプライシングというしくみを獲得しました（→Stage 17）。一方で，原核細胞は1つの遺伝情報から基本的に1つのタンパク質しか作り出せません。

やがて，原核生物のように1つの細胞だけで生きていた単細胞生物の中から，複数の細胞が集合する多細胞生物という生き方を選択するものが現れました。多細胞生物の細胞は，単細胞生物の細胞とは大きく異なり，役割分担がなされています。このことを**細胞の分化**と呼びます。私たちヒトの場合だと，約200種類以上もの分化した細胞によって構成されています。

このように比較すると，真核生物のほうが原核生物よりも進化し，優れていると感じるかもしれません。しかし，原核生物は無駄を削ぎ落とす進化をした，とも考えられます。例えば原核生物である大腸菌は，十分な栄養と温度があれば，20分で2倍，60分で8倍，2時間で64倍と指数関数的に増えます。こうした増殖力は，真核生物にはない原核生物で見られる特徴です。

POINT 03

- 真核生物は遺伝子の数と種類を増やすことで，生物として複雑な機能を持つようになった。
- 対する原核生物は，驚異的な増殖力を持つように特化するなどして，無駄を削ぎ落とすような進化をした。

column

ウイルス

病気は，細菌，真菌，寄生虫，ウイルスといったさまざまな病原体によって引き起こされます。こうした病原体から身を守るため，私たちの体には高度に進化した免疫システムが存在します。**ウイルス**は病原体の中でも特殊です。ウイルスはタンパク質でできた殻（**エンベロープ**）の中に核酸のみを持つ，遺伝子だけがまるで細胞から飛び出したかのような超微細な構造物です。

ウイルスは，遺伝情報を保存するためにDNAかRNAのどちらか一方の核酸を持っています。例えば，コロナウイルスやインフルエンザウイルスは，RNAだけを核酸として保有するRNAウイルスです。このRNAには，宿主の細胞に吸着・侵入するための酵素，ウイルス自身を複製するための酵素，ウイルス自身の殻であるエンベロープ，そして宿主細胞の免疫機能から逃れるための酵素などの遺伝情報が含まれています。一方，タンパク質の合成やタンパク質の合成に必要なアミノ酸などの材料，そしてエネルギーは宿主細胞のものを必要とします。つまりウイルスは，感染した宿主細胞の機能やエネルギーを利用しなければ自己複製ができないのです。このような理由から，現在のところウイルスは生物ではないと考えられています。

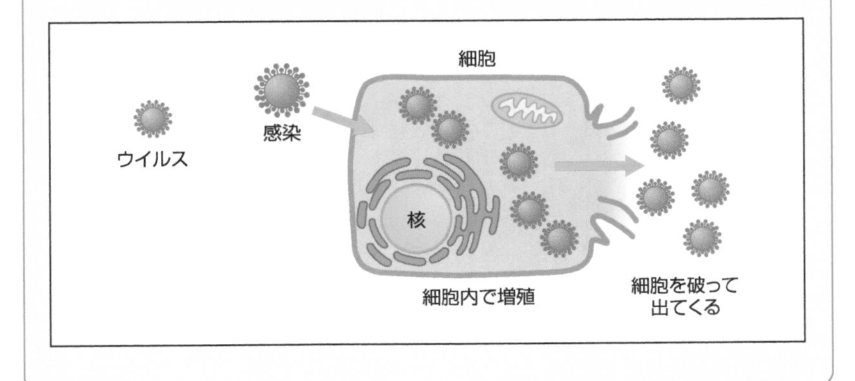

Stage 04 細胞小器官①

タンパク質をつくりだす細胞小器官

核

真核細胞の細胞内で最も大きな構造体が核です（図 4.1）。他の細胞小器官よりも密度が大きいので，細胞を破砕して，特定の構造物を重さや大きさによって回収する細胞分画法で容易に分けられます。核の中には，遺伝情報の伝達を担う染色体が存在します。通常，1つの細胞に核は1つしか存在しませんが，原生動物の繊毛虫類——例えばゾウリムシは，1つの細胞の中に大核と小核が存在します（それぞれ多細胞生物の体細胞核と生殖細胞核に相当）。ヒトの場合は，骨格筋を形成する骨格筋細胞や骨を吸収する破骨細胞など，多核の細胞もあります。逆に，酸素を運搬する赤血球や傷口を塞ぐ機能を持つ血小板には，核がありません。

核を形成する核膜は，外膜と内膜の2枚の膜からなります。核膜は閉じられているわけではなく，核と細胞質の間で物質のやりとりを行うための核膜孔と呼ばれる孔を持ちます。

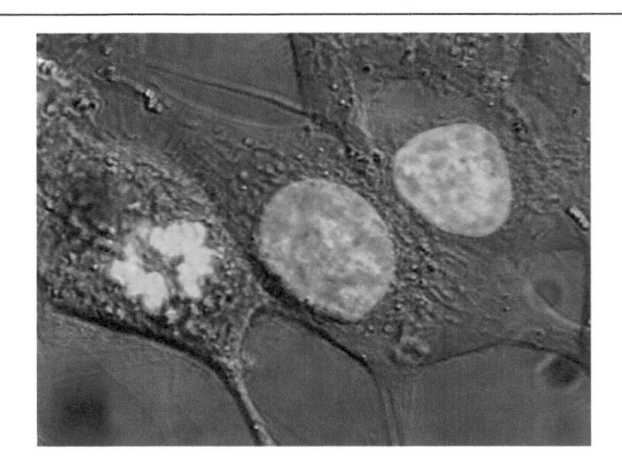

図 4.1　核（Hela 細胞）

小胞体とリボソーム

小胞体と呼ばれる細胞小器官は，1 枚の脂質二重膜に囲まれた網目状の膜構造で，一部は核膜の外膜と連絡しています。小胞体は，その形態から粗面小胞体と滑面小胞体に分類できます（図 4.2-A）。粗面小胞体の細胞質側の面には多数のリボソームが結合していて，タンパク質の合成を行っています。リボソームは直径約 15 nm 程度の大きさの顆粒で，大サブユニットと小サブユニットが重なっただるまのような構造をしています（図 4.2-B）。

粗面小胞体に結合したリボソームは，細胞外へ分泌されるタンパク質や細胞膜などの膜に埋め込まれるタンパク質などを合成し，粗面小胞体の内腔（内側）へと送り込みます。合成されたタンパク質は品質チェックを受け，基準に合格したものが小胞体内腔を通って，ゴルジ体と呼ばれる細胞小器官に輸送されます。滑面小胞体は，リボソームが結合していない状態の小胞体です。表面に細胞膜を合成するための酵素が存在しており，細胞膜や細胞小器官の膜成分を供給する役割を担います。薬物の解毒やグリコーゲンの代謝，コレステロールやステロイドホルモンの合成，細胞内のイオン濃度調節，細胞内の不要な物質の消化などの機能も持ちます。

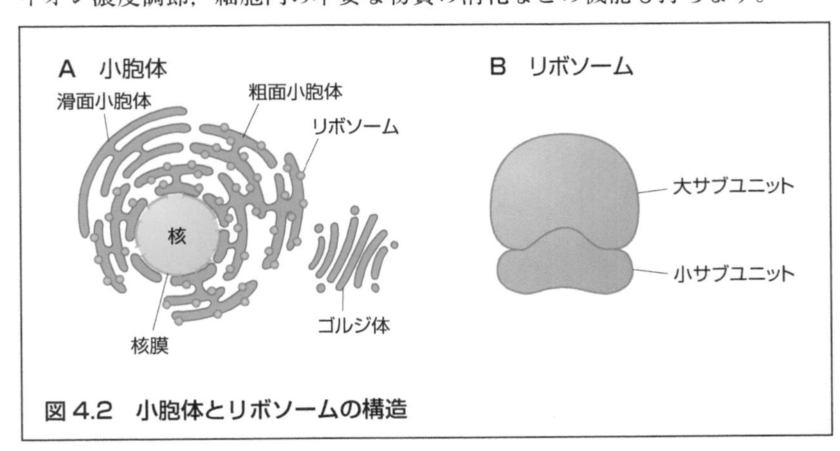

図 4.2　小胞体とリボソームの構造

POINT 04

- 核には遺伝情報を担う染色体が存在する。核は核膜に包まれている。
- 小胞体には，リボソームが結合した粗面小胞体と，結合していない滑面小胞体がある。リボソームはタンパク質の合成を行う。

Stage 05 細胞小器官②

不要なものを分解する細胞小器官

ゴルジ体

ゴルジ体は，直径約 0.5 μm の扁平な袋（ゴルジ扁平嚢）が 5 ～ 10 枚ほど積み重なったような構造の細胞小器官です（図 5.1）。小胞体の近傍にあり，合成されたタンパク質に糖を付加（糖鎖付加）します。

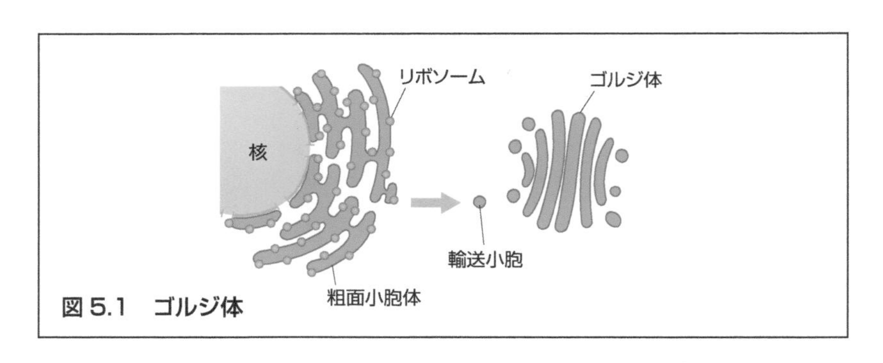

図 5.1 ゴルジ体

リボソームで合成され，小胞体内腔へ輸送されたタンパク質は，直径約 50 ～ 150 nm ほどの小胞に詰め込まれ，粗面小胞体からゴルジ体へ送り出されます（出芽）。このように細胞内において物質の輸送に用いられる小胞を輸送小胞といいます。ゴルジ体が輸送小胞を受け入れると，小胞内のタンパク質は糖鎖付加され，品質チェックを経て，細胞外や，リソソームなどの細胞小器官に送られます。ホルモンや消化液など，細胞外へ分泌するタンパク質を産生している細胞ではゴルジ体が発達しています。また，植物細胞では何百枚ものゴルジ体の層が細胞質内に散在しています。

リソソーム

リソソームは，一重の生体膜に囲まれた直径約 0.1 ～ 1.2 μm の細胞小器官であり，内腔の pH が常に酸性（約 pH 5）に維持されているのが特徴です（図 5.2 右）。リソソームの内腔には，タンパク質，脂質，糖質などをアミノ酸，リン脂質，糖，核酸に分解する，約60種類の加水分解酵素があります。加水分解酵素の多くは酸性条件下で効率よく機能するため，**酸性加水分解酵素**とも呼ばれます。もし何かの拍子で加水分解酵素が細胞内に漏れ出たとしても，細胞質のpHは中性（約pH 7.2）であるため機能せず，細胞自身が消化されることはありません。

ペルオキシソーム

ペルオキシソームは，一重の生体膜に囲まれた直径約0.1～2 μmの小胞で，大きさや構造がリソソームに似ています（図5.2中央）。ペルオキシソーム内では，アミノ酸や脂肪酸，プリン体が分解されます。この分解の過程で細胞に有害な物質である過酸化水素が発生しますが，同じくペルオキシソーム内にあるカタラーゼによって水に還元され，分解されます。また，動物の肝臓や腎臓の細胞では，この過酸化水素を用いてホルムアルデヒドやアルコールなどの有毒物質を酸化して無毒化します。肝臓の細胞のペルオキシソームでは，コレステロールや胆汁酸の合成も行います。

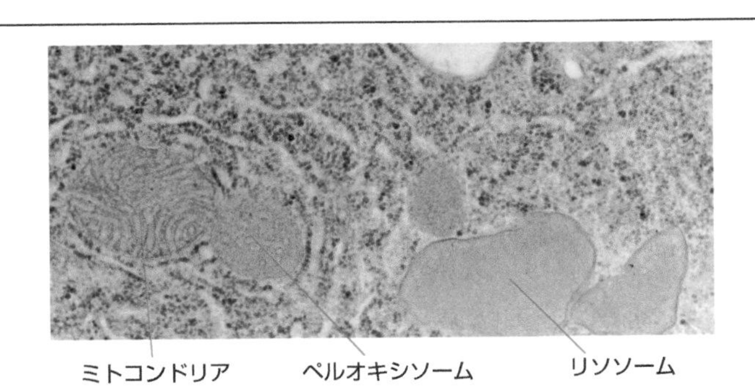

図5.2　リソソームとペルオキシソーム（ゾウリムシ）
(Richard Allen/University of Hawaii, CIL: 36769)

POINT 05

- ◆ ゴルジ体は，主に合成されたタンパク質に糖鎖付加する役割を持つ。
- ◆ リソソームやペルオキシソームは，細胞内の物質を分解したり，無毒化したりする役割を持つ。

Stage 06 細胞小器官③

エネルギーを生み出す細胞小器官

ミトコンドリア

ミトコンドリアは，細胞の発電所ともいえる細胞小器官で，細胞内のエネルギー通貨であるアデノシン三リン酸（ATP：adenosine triphosphate）の合成を行います。数や形は細胞の種類によって異なりますが，0.5～数μm程度の長さがあります。また，核膜と同様に二重の生体膜を持ちます（図6.1）。ミトコンドリアの内部には独自のDNA（mtDNA：mitochondrial DNA）やリボソームが存在しているため，自らタンパク質合成を行うことができます。詳細なATP合成のしくみはChapter 5で説明します。

色素体

色素体は植物や藻類などに存在する特有な細胞小器官で，二重の生体膜で包まれた袋からなります。植物や藻類にとっての細胞の発電所といえる細胞小器官です。真核細胞で見られるミトコンドリアと同様に，独自のDNAとリボソームが含まれています。そのため，自ら分裂し，数を増やすことができます。

色素体は，組織での機能に応じてさまざまな形態へと分化します。例えば，植物の葉や藻類が緑色なのは，色素体が光合成を行う葉緑体へと分化しているためです（図6.2）。根では白色体に分化するほか，デンプンなどを合成したり貯蔵したりする組織では，アミロプラストと呼ばれる白色体の一種へと分化します。色素体は光合成だけではなく，脂肪酸やアミノ酸の合成，窒素や硫黄の同化，そして色素の合成などの多彩な機能を持っています。

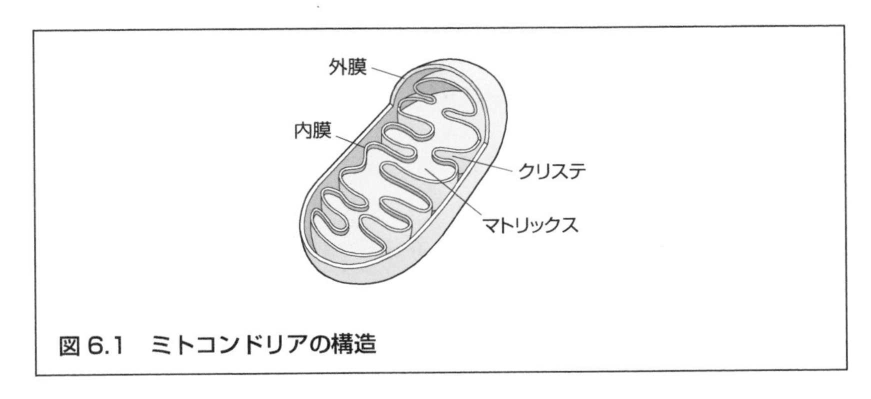

図 6.1　ミトコンドリアの構造

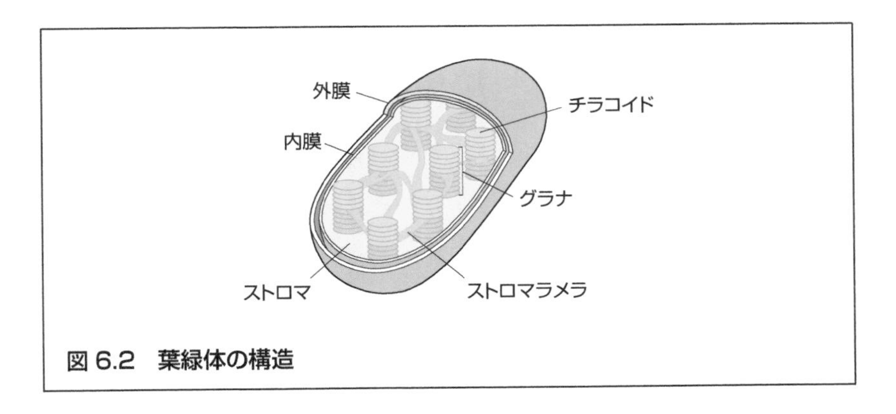

図 6.2　葉緑体の構造

POINT 06

- ミトコンドリアは，細胞内のエネルギー通貨である ATP 合成の役割を担う。
- 色素体は植物に特有な細胞小器官で，光合成を行う葉緑体やデンプンの合成を行うアミロプラストなどがある。
- ミトコンドリア，色素体ともに，独自の DNA を内部に持っている。

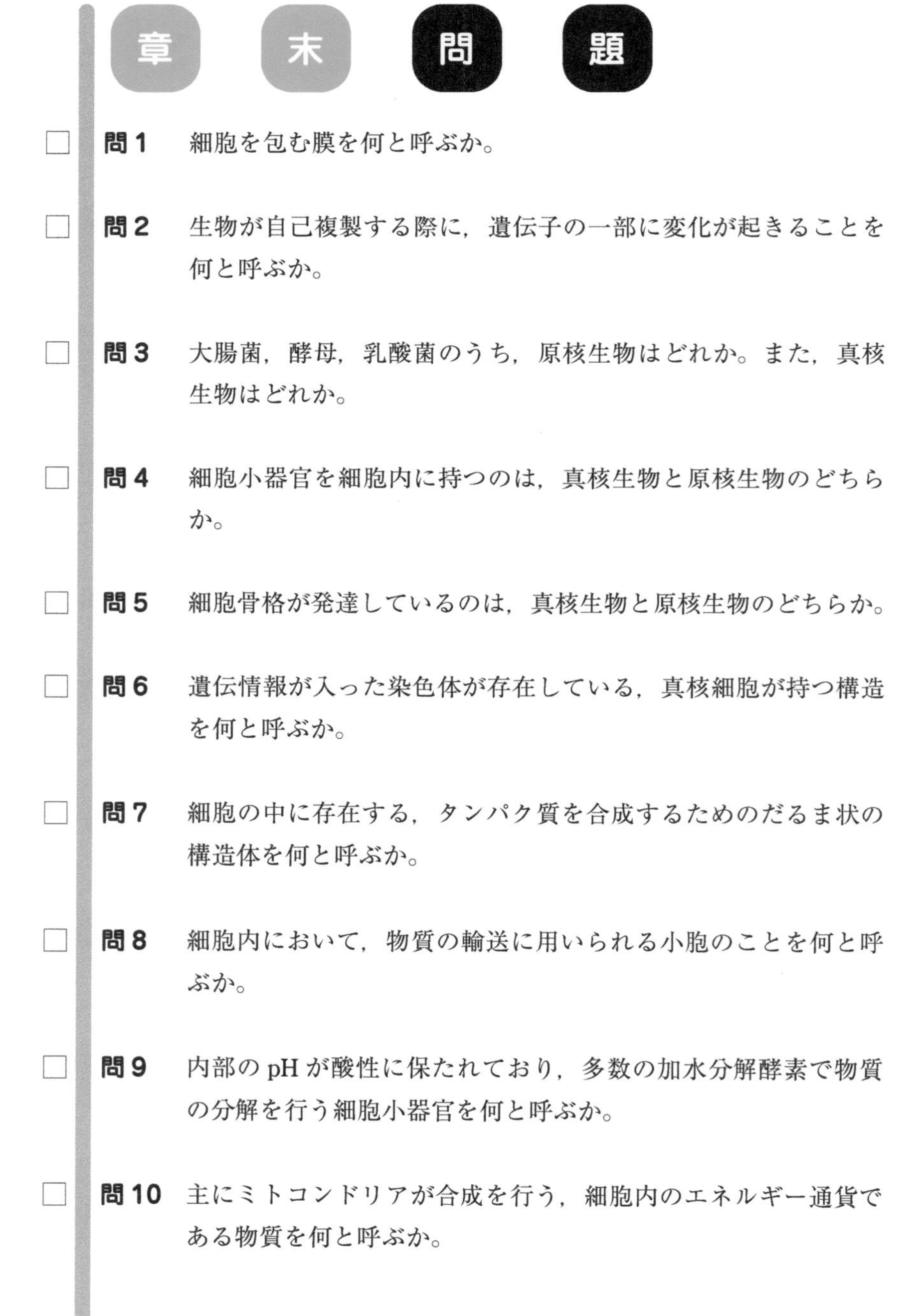

章末問題

- [ ] **問 1**　細胞を包む膜を何と呼ぶか。
- [ ] **問 2**　生物が自己複製する際に，遺伝子の一部に変化が起きることを何と呼ぶか。
- [ ] **問 3**　大腸菌，酵母，乳酸菌のうち，原核生物はどれか。また，真核生物はどれか。
- [ ] **問 4**　細胞小器官を細胞内に持つのは，真核生物と原核生物のどちらか。
- [ ] **問 5**　細胞骨格が発達しているのは，真核生物と原核生物のどちらか。
- [ ] **問 6**　遺伝情報が入った染色体が存在している，真核細胞が持つ構造を何と呼ぶか。
- [ ] **問 7**　細胞の中に存在する，タンパク質を合成するためのだるま状の構造体を何と呼ぶか。
- [ ] **問 8**　細胞内において，物質の輸送に用いられる小胞のことを何と呼ぶか。
- [ ] **問 9**　内部の pH が酸性に保たれており，多数の加水分解酵素で物質の分解を行う細胞小器官を何と呼ぶか。
- [ ] **問 10**　主にミトコンドリアが合成を行う，細胞内のエネルギー通貨である物質を何と呼ぶか。

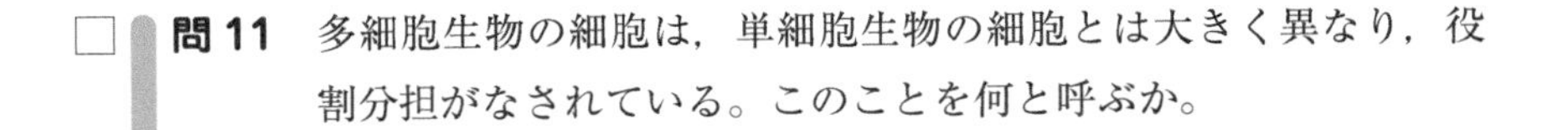

□ **問 11**　多細胞生物の細胞は，単細胞生物の細胞とは大きく異なり，役割分担がなされている。このことを何と呼ぶか。

□ **問 12**　大量のデンプンを合成，蓄積する，色素を含まない色素体のことを何と呼ぶか。

□ **発展**　ミトコンドリアに存在する遺伝子に先天的に変異が起こると，ミトコンドリア病と呼ばれるさまざまな疾患が引き起こされる。症状としては，脳，心臓，肝臓，骨格筋，眼などに異常が起こり，発達遅延，成長障害，視力喪失などを引き起こすことが知られている。ミトコンドリア病では，なぜこのような症状が全身で見られるのだろうか。

解　答

問 1　細胞膜
問 2　変異
問 3　原核生物：大腸菌，乳酸菌　真核生物：酵母
問 4　真核生物
問 5　真核生物
問 6　核
問 7　リボソーム
問 8　輸送小胞
問 9　リソソーム
問 10　ATP（アデノシン三リン酸）
問 11　細胞分化
問 12　アミロプラスト
発展　ミトコンドリアは全身の細胞に存在しているため，症状が全身のさまざまな臓器で起きる。また，ミトコンドリアは細胞のエネルギー通貨である ATP を産生する役割を担っているため，特にエネルギーの需要が大きい臓器において症状が表れることが多いと考えられる。

Chapter 2
細胞を構成する物質

細胞生物学の目標のひとつに，細胞を構成する物質が細胞内でどのような機能を果たしているのか解明する，というものがあります。目標の達成のためには，細胞を構成する分子の構造や性質を理解することが非常に重要です。この Chapter では，細胞を構成する物質の中でも特に重要な水，アミノ酸，タンパク質，核酸，糖質，脂質の構造や性質について学びます。

Stage 07 水

特殊な性質を持つありふれた物質

私たちの生体を構成している物質の中で，一番大きな割合を占める物質は「水」です。ほとんどの生物において，生体における水の割合は約70％で，ときには90％を超える生物もいます。生物の命はさまざまな化学反応が行われることで維持されていますが，その反応のほとんどは水を溶媒とします。つまり，水がなければ生命活動を行うことはできません。水分子は地球上のどこにでも存在するありふれた物質ですが，非常に特殊な性質を持つ物質でもあります。この特殊な性質こそが，生物が生きていくために重要です。

水分子（H_2O）は，2つの水素原子と1つの酸素原子が共有結合した分子です。そのため，分子全体の電荷は0です。しかし，酸素原子に対して2つの水素原子は反対側に位置（180°）し，かつ一直線上に整列しているのではなく104.5°の角度で結合しているため，酸素原子と水素原子で共有している電子は酸素原子側に偏ります。その結果，水素原子は正に帯電し，酸素原子は負に帯電しています（図7.1）。このように分子内で電子の分布が偏っている状態のことを**分極**と呼びます。

水分子は分極しているので，複数の水分子の間では電気的な結合が起きます。水分子同士が近づくと，正に帯電している水素原子は別の水分子の持つ負に帯電している酸素原子と弱く結合します。すなわち，1つの水素原子を介して2つの酸素原子が結合したような形になります。このような結合が**水素結合**です。水素結合による相互作用は3次元的な立体構造をとります（図7.2）。水素結合は弱い結合であるため，容易に生成したり，壊れたりします。このように水分子は，水素結合によって，全体的に大きな，しかし非常にもろい結晶を形成していると考えることもできます。水は非常に粘性が高く，沸点も融点も極端に高いのですが，これは水素結合に由来する特性です。

水素結合は，生体内においても非常に重要な役割を果たします。例えば，水分子内の正に帯電した水素原子と負に帯電した酸素原子は，生体内のタンパク質や核酸などの表面にある電荷を帯びた原子群とも水素結合するため，生体高分子化合物を溶かす溶媒になります。

また，水素結合は，水が表面をできるだけ小さくしようとする性質，つまり**表面張力**が大きいことにも関わっています。コップに水をいっぱいに入れると表面の水が盛り上がりますが，これは水の内側にある水分子の水素結合が表面の水分子を内側へ引っ張ることによって起きます。こうした水の表面張力は，油のような疎水性の高い高分子化合物同士を同じところに集合させるように作用します。その結果，細胞内の疎水性の高い化合物は集合し，互いの分子間力によって結合します。こうして形成される**疎水結合**は水素結合よりもさらに弱い結合力ですが，タンパク質の立体構造や脂質のミセル形成に必要で，生命活動に重要な役割を果たしています。

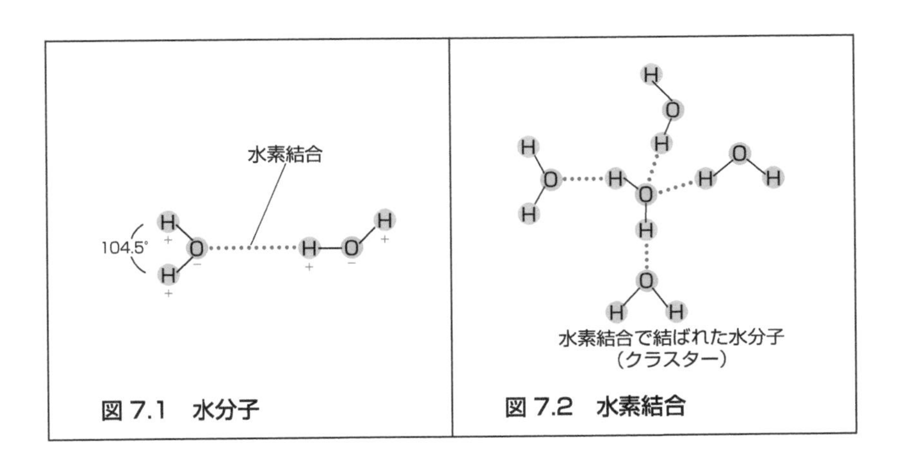

図 7.1　水分子

図 7.2　水素結合

POINT 07

- 水は分子内の電荷が偏っている（分極）ため，特殊な性質を持つ。
- 分極により，水分子は分子同士で静電的に相互作用（水素結合）する。これにより水は粘性が高く，沸点や融点も高くなる。生体内の電子を帯びた原子群とも相互作用する。

Stage 08 アミノ酸

タンパク質を構成する物質

ヒトの生体を構成するタンパク質は，20種類のアミノ酸から形成されています。**アミノ酸**とは，アミノ基（$-NH_2$）とカルボキシ基（$-COOH$）の2つの官能基を同じ分子内に持つ有機化合物の総称です。官能基が結合する炭素を**α炭素**と呼ぶのですが，α炭素にアミノ基もカルボキシ基も結合しているアミノ酸のことを**α-アミノ酸**といいます。タンパク質を構成するアミノ酸はすべてα-アミノ酸です。

タンパク質を構成するアミノ酸のα炭素には，2つの官能基のほかに，水素原子と各アミノ酸に固有の**側鎖**（$-R$）と呼ばれる原子団も結合しています。つまりアミノ酸は，α炭素（C_α）を中心とした四面体構造の頂点に，アミノ基，カルボキシ基，水素原子，側鎖が配置される構造になっています（図8.1）。20種類のアミノ酸は，この側鎖に結合している原子団がそれぞれ異なるのです（図8.2）。タンパク質の性質や特徴は，どんな側鎖を有するアミノ酸がどのように配置されているかで決まります。

側鎖が水素原子であるグリシン以外のアミノ酸は，α炭素に4つの異なる原子団が結合しているため，2種類の異なる立体構造をとります。この2つは，右手と左手のように，どのように回転しても重なることがありません。このような立体異性体は**鏡像異性体**と呼ばれ，一方を**L型**，もう一方を**D型**と呼びます。不思議なことに，生物が作るタンパク質のほとんどは，L型のL-アミノ酸からできています。

20種類のアミノ酸は，側鎖の種類によってさまざまな点で異なる性質を持ちます。その中でも特に重要な点は，水と混ざるのか（**親水性**）混ざらないのか（**疎水性**）という性質です。アミノ酸が連なってタンパク質を形成する際に，親水性のアミノ酸はタンパク質の表面側，疎水性のアミノ酸はタンパク質の内部側に配置される傾向があるためです。

側鎖に水酸基（$-OH$）やアミノ基（$-NH_2$），カルボキシ基（$-COOH$）が含まれていると，そのアミノ酸は親水性を示します。一方で，炭化水素が連なった構造や，炭化水素が環状になったベンゼン環構造，あるいはそれに類似した構造を持つアミノ酸は疎水性を示します。なお，チロシンは水酸基もベンゼン環も持っていますが，ベンゼン環の影響が大きいために疎水性を示します。

アミノ酸には，**両性電解質**であるという重要な性質もあります。アミノ酸が持つアミノ基は，中性の水溶液中では水素イオンと結合して$-NH_3^+$となり，カルボキシ基は水素イオンを遊離して$-COO^-$となります。これは，アミノ酸が周囲のpH変化に応じて正にも負にも荷電することを意味します。タンパク質はアミノ酸から構成されているので，基本的にアミノ酸と同様に両性電解質の性質を持つこととなります。

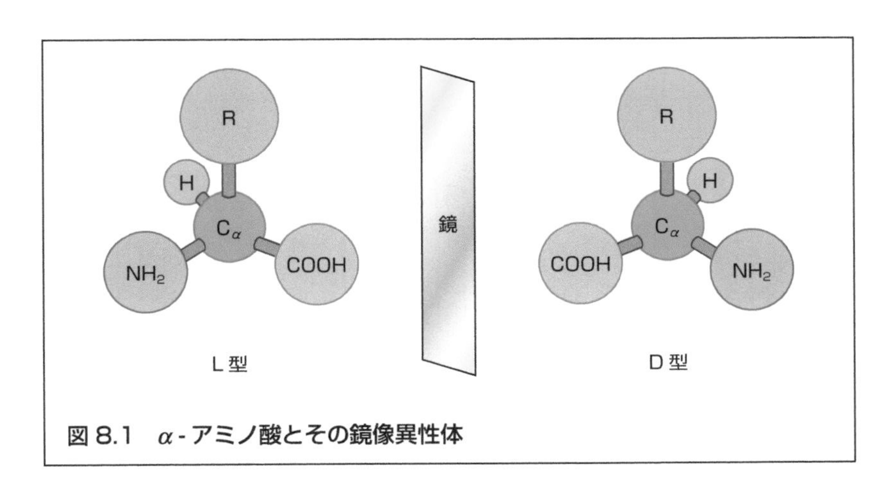

図 8.1　α-アミノ酸とその鏡像異性体

POINT 08

- ヒトの生体を構成するタンパク質は，20種類のα-アミノ酸から形成されている。アミノ酸はα炭素を中心とした四面体構造の頂点に，アミノ基，カルボキシ基，水素原子，側鎖が配置される構造になっている。
- 20種類のアミノ酸は，側鎖の種類によってさまざまな点で異なる性質を持っている。特に，側鎖が親水性を示すか疎水性を示すかは重要である。
- アミノ酸は両性電解質であり，周囲のpHによって正にも負にも荷電する。

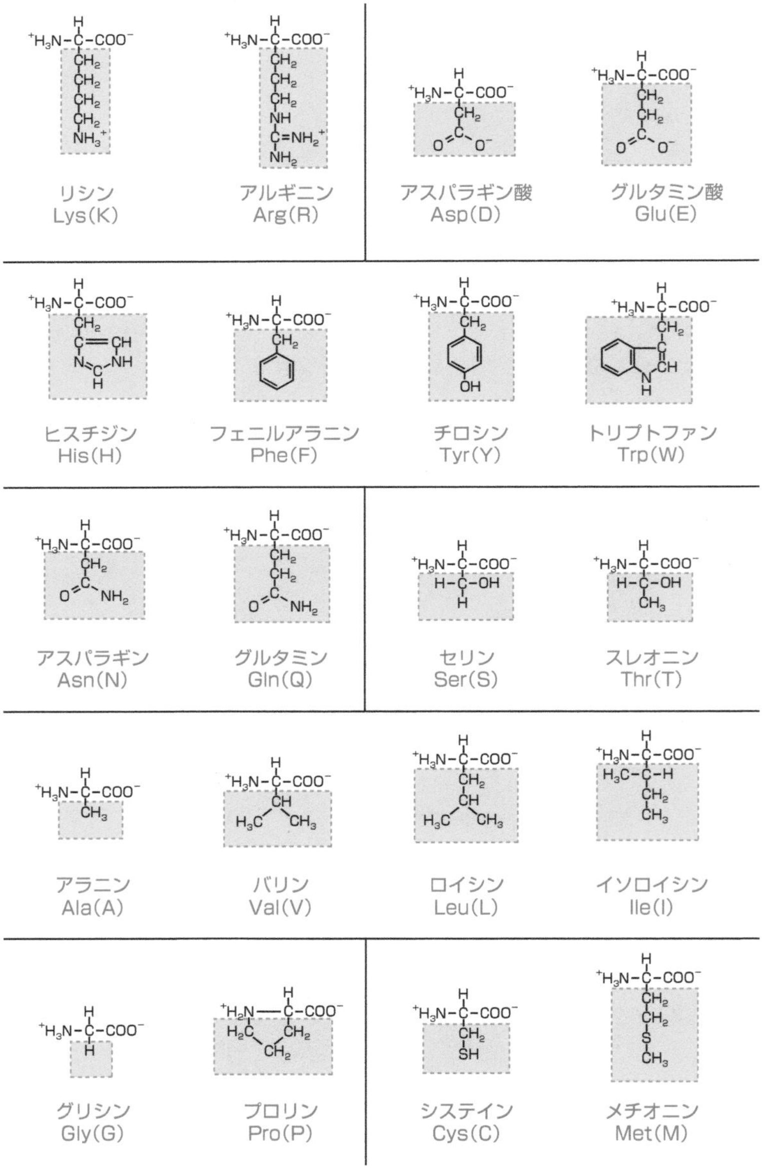

H
$^{+}H_3N-C-COO^{-}$
CH_2
CH_2
CH_2
CH_2
NH_3^{+}

リシン
Lys(K)

H
$^{+}H_3N-C-COO^{-}$
CH_2
CH_2
CH_2
NH
$C=NH_2^{+}$
NH_2

アルギニン
Arg(R)

H
$^{+}H_3N-C-COO^{-}$
CH_2
C
$O \quad O^{-}$

アスパラギン酸
Asp(D)

H
$^{+}H_3N-C-COO^{-}$
CH_2
CH_2
C
$O \quad O^{-}$

グルタミン酸
Glu(E)

H
$^{+}H_3N-C-COO^{-}$
CH_2
$C=CH$
N C NH
H

ヒスチジン
His(H)

H
$^{+}H_3N-C-COO^{-}$
CH_2

フェニルアラニン
Phe(F)

H
$^{+}H_3N-C-COO^{-}$
CH_2
OH

チロシン
Tyr(Y)

H
$^{+}H_3N-C-COO^{-}$
CH_2
C
N CH
H

トリプトファン
Trp(W)

H
$^{+}H_3N-C-COO^{-}$
CH_2
C
$O \quad NH_2$

アスパラギン
Asn(N)

H
$^{+}H_3N-C-COO^{-}$
CH_2
CH_2
C
$O \quad NH_2$

グルタミン
Gln(Q)

H
$^{+}H_3N-C-COO^{-}$
$H-C-OH$
H

セリン
Ser(S)

H
$^{+}H_3N-C-COO^{-}$
$H-C-OH$
CH_3

スレオニン
Thr(T)

H
$^{+}H_3N-C-COO^{-}$
CH_3

アラニン
Ala(A)

H
$^{+}H_3N-C-COO^{-}$
CH
$H_3C \quad CH_3$

バリン
Val(V)

H
$^{+}H_3N-C-COO^{-}$
CH_2
CH
$H_3C \quad CH_3$

ロイシン
Leu(L)

H
$^{+}H_3N-C-COO^{-}$
H_3C-C-H
CH_2
CH_3

イソロイシン
Ile(I)

H
$^{+}H_3N-C-COO^{-}$
H

グリシン
Gly(G)

H
$^{+}H_2N-C-COO^{-}$
$H_2C \quad CH_2$
CH_2

プロリン
Pro(P)

H
$^{+}H_3N-C-COO^{-}$
CH_2
SH

システイン
Cys(C)

H
$^{+}H_3N-C-COO^{-}$
CH_2
CH_2
S
CH_3

メチオニン
Met(M)

図 8.2　20 種類のアミノ酸

Stage 09 タンパク質

アミノ酸が連なったもの

2分子のアミノ酸のうち，一方のアミノ酸が持つアミノ基と，もう一方のアミノ酸が持つカルボキシ基の間で，水1分子が取り除かれて（脱水）結合すること（縮合）を，**ペプチド結合**といい，できた物質を**ペプチド**と呼びます。鎖のようにアミノ酸が次々と結合して，数百から数千も連なったペプチドは**ポリペプチド**と呼ばれます。できたアミノ酸の鎖の両端のうち，自由なアミノ基が残っている側を**アミノ末端（N末端）**，カルボキシ基が残っている側を**カルボキシ末端（C末端）**と呼びます（図9.1-A）。

ポリペプチドを金属の長い鎖にたとえると，ひとつひとつの鎖の環がアミノ酸1個に相当します。金属の鎖と大きく異なるのは，ひとつひとつの鎖の環からはアミノ酸の側鎖が飛び出している点です（図9.1-B）。

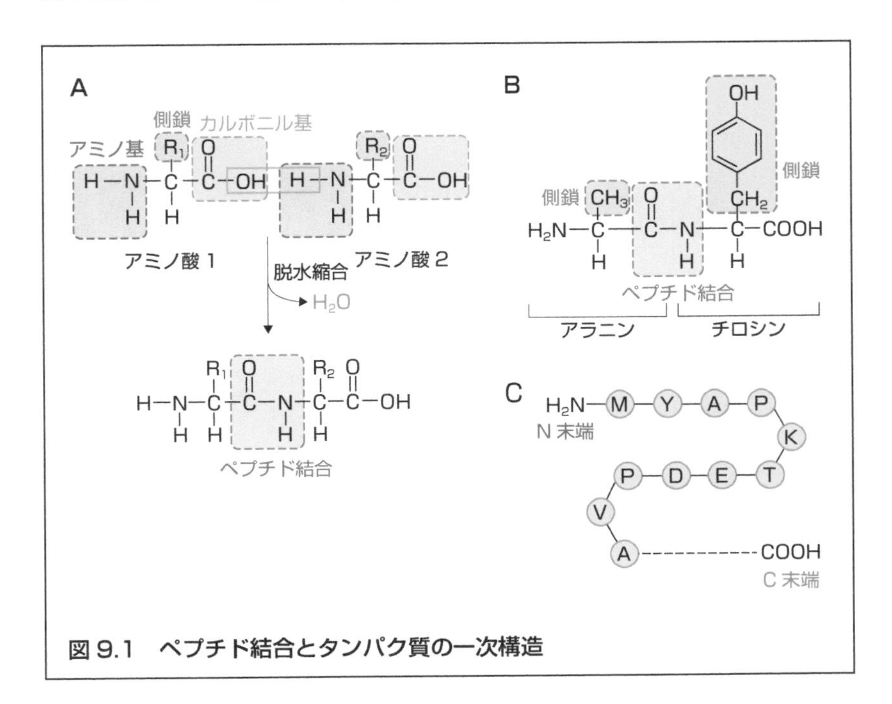

図9.1　ペプチド結合とタンパク質の一次構造

タンパク質は，それぞれが特有の機能を持って細胞内で機能しています。タンパク質は，前述のようにアミノ酸が一列に並んでペプチド結合でつなぎ合わされた分子です。しかし，このようなひものような状態では，細胞の内で機能を発揮することはできません。このひもが折りたたまれて，3次元的な立体構造をとってから初めて機能をするようになるのです。実は，タンパク質の構造には4つあります。

一次構造

一次構造は，アミノ酸の並び方を指します。アミノ基側を左に書き，カルボキシ基に向かってアミノ酸に順番に番号を振って数えます（図9.1-C）。

二次構造

ペプチド結合をしているカルボニル基（C=O）とイミノ基（N−H）は，酸素原子（O）と窒素原子（N）が負に帯電し，水素原子（H）が正に帯電しているので，水素結合することができます。タンパク質の鎖の中で水素結合ができると，部分的に規則的な繰り返しが見られることがあります。このようにしてできた立体構造が**二次構造**です。代表的な二次構造として**αヘリックス**（αらせん）と**βシート**があります。αヘリックスとは，

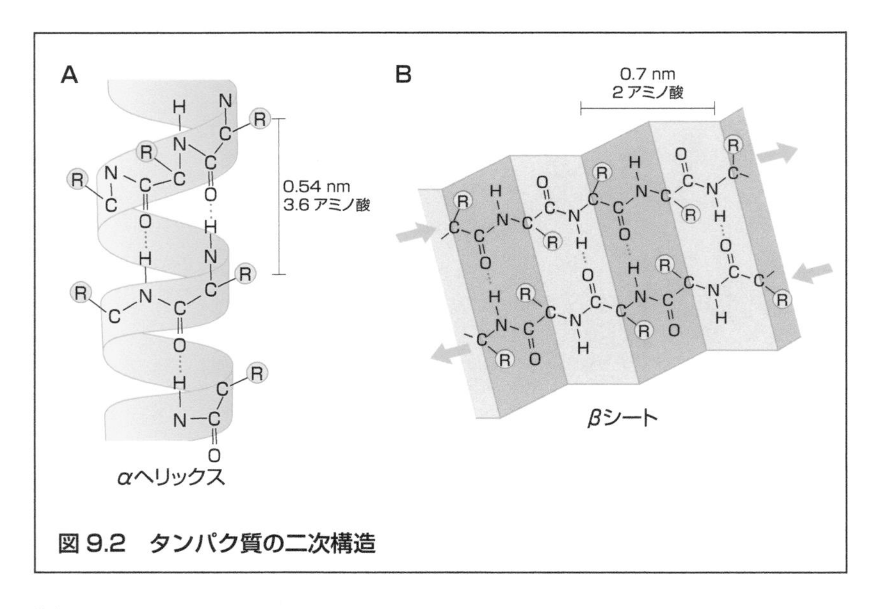

図9.2 タンパク質の二次構造

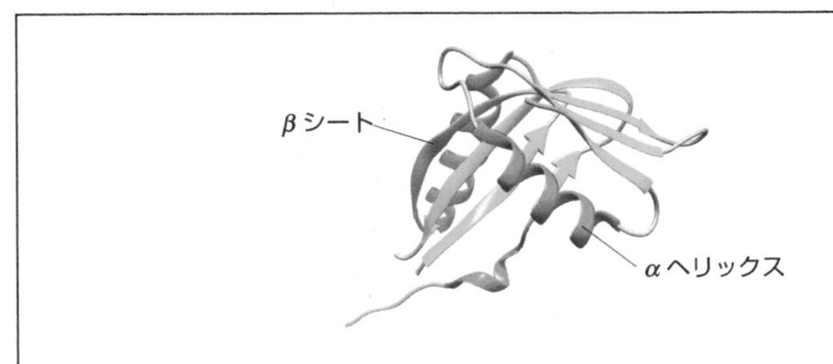

図 9.3　タンパク質の三次構造（PDB：2HW4）

アミノ酸残基のカルボニル基の酸素原子が，4つ先のアミノ酸が持つ残基のイミノ基の水素原子と水素結合することで，タンパク質の鎖がねじれ，約3.6アミノ酸残基ごとに右巻きで1回転するらせん構造をとる，というものです（図9.2-A）。βシートは，ポリペプチド鎖が伸びた構造をしていて，隣り合った鎖の間で水素結合を形成し，シート状の広がった構造をとるものです（図9.2-B）。アミノ酸残基の側鎖はシートに直角で，交互にシートの反対側に突き出しています。ポリペプチドがαヘリックス構造をとるのか，βシート構造をとるのかは，側鎖の種類と並び方に依存して決まります。

三次構造

αヘリックスとβシートはポリペプチド鎖の全長にわたって形成されるわけではなく，二次構造同士をつなぐ部分にも存在します。その結果，タンパク質全体として立体的な構造がつくられます。これを**三次構造**と呼びます（図9.3）。三次構造が形成されることで，一次構造では離れていたアミノ酸残基同士の側鎖が近づくこともあります。また，親水性の側鎖がタンパク質の表面，疎水性の側鎖がタンパク質の内部に位置しやすいため，タンパク質の表面に複雑な突起やへこみが形成されることがあります。こうした立体構造は，タンパク質の機能に重要です。もし，熱などによって立体構造が壊されると，タンパク質の機能は失われてしまいます。

四次構造

これまでは1つのポリペプチド鎖について述べてきましたが，タンパク

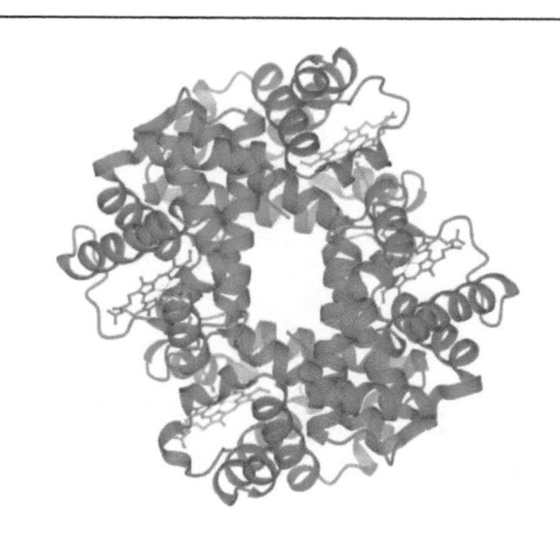

図 9.4　タンパク質の四次構造（PDB：1A3N）

質の中には，ポリペプチド鎖同士が結合して集合体で機能する場合があります。このようなタンパク質の構造を**四次構造**と呼びます。なお，四次構造において，構造を構成する個々のポリペプチド鎖のことを**サブユニット**と呼びます。機能するタンパク質として，例えば2つのサブユニットで構成されるものは**二量体**，4つのサブユニットで構成されるものは**四量体**と呼びます。赤血球に含まれる酸素を運搬するためのタンパク質であるヘモグロビンは2個のαサブユニットと2個のβサブユニットからなる四量体です（図9.4）。これまで述べてきたタンパク質の二次構造から四次構造までをまとめて，タンパク質の**高次構造**と呼びます。

POINT 09

- アミノ酸2分子から水分子が取り除かれて結合することをペプチド結合という。鎖のようにアミノ酸が次々と結合して，何百から何千も連なったペプチドはポリペプチドと呼ばれる。ペプチドの鎖が正しく折りたたまれたものがタンパク質である。
- 一次構造：アミノ酸配列を示す。
- 二次構造：αヘリックスやβシート構造などの繰り返し配列。
- 三次構造：タンパク質全体の立体的な構造。
- 四次構造：複数のポリペプチド鎖が集合した構造。

Stage 10 核酸

ヌクレオチドが重合したもの

遺伝情報の保持やタンパク質の発現に必要なDNAやRNAという物質を，まとめて**核酸**といいます。核酸は**ヌクレオチド**という構成単位からなる高分子化合物であり，**ホスホジエステル結合**によって連なっています。

ヌクレオシドは，**塩基**と呼ばれる環状の窒素化合物が，五炭糖（リボースかデオキシリボースのいずれか）に結合したものです。ヌクレオチドは，このヌクレオシドに1つ以上のリン酸が結合したものです。ここで，リボースを含むヌクレオチドを**リボヌクレオチド**，デオキシリボースを含むヌクレオチドを**デオキシリボヌクレオチド**といいます（図10.1-A）。

ヌクレオチドが持つ塩基には，プリン塩基である**アデニン**（A）と**グアニン**（G），ピリミジン塩基である**シトシン**（C），**チミン**（T），**ウラシル**（U）の5種類があります（図10.1-B）。核酸とは，この5種類のヌクレオチドが鎖のように連なったもので，連なるのがデオキシリボヌクレオチドの場合は**デオキシリボ核酸**（DNA），リボースの場合は**リボ核酸**（RNA）です。DNAとRNAの違いは，五炭糖がリボースかデオキシリボースかという点以外に，塩基にもあります。A，C，Gの塩基を持つヌクレオチドが含まれるのはDNA，RNAともに共通ですが，TはDNAにのみ，UはRNAにのみ含まれます。

ヌクレオシドは，結合する塩基によって名称が異なります。例えば，アデニンが結合したデオキシリボヌクレオシドは**アデノシン**と呼ばれます。ヌクレオシドには1つから最大3つまでのリン酸が結合することができ，結合しているリン酸の数によっても名称が変わります。アデノシンの場合，結合しているリン酸が1つであればアデノシン一リン酸（AMP：adenosin monophosphate），2つであればアデノシン二リン酸（ADP：adenosin diphosphate），3つであればアデノシン三リン酸（ATP：adenosin triphosphate）と呼ばれます（図10.2）。このように，核酸を構成するヌクレオチドは，五炭糖の種類，リン酸の数，塩基の種類の組み合わせにより，いくつもの種類があります。

ヌクレオチドは，核酸の材料以外にも生体内で重要なはたらきを担います。例えばATPは細胞内のエネルギー通貨として（→ Stage 29），GTPはタンパク質間の相互作用を調節する因子として重要な機能を果たしています（→ Stage 39）。

DNAは，A，T，G，Cの4種類のデオキシリボヌクレオチドによって構成されています。多くの場合，DNAは2本のポリヌクレオチド鎖が逆平行に寄り添って，2本が1組になった**二重らせん構造**を形成しています。この構造は，それぞれのポリヌクレオチド鎖から飛び出した塩基の部分が水素結合をつくることで結ばれています。この水素結合は，AとTの間で2本，GとCの間で3本形成され，この組み合わせでしか水素結合は起こりません（図10.3）。塩基は平面状の分子であり，しかもAとT，G

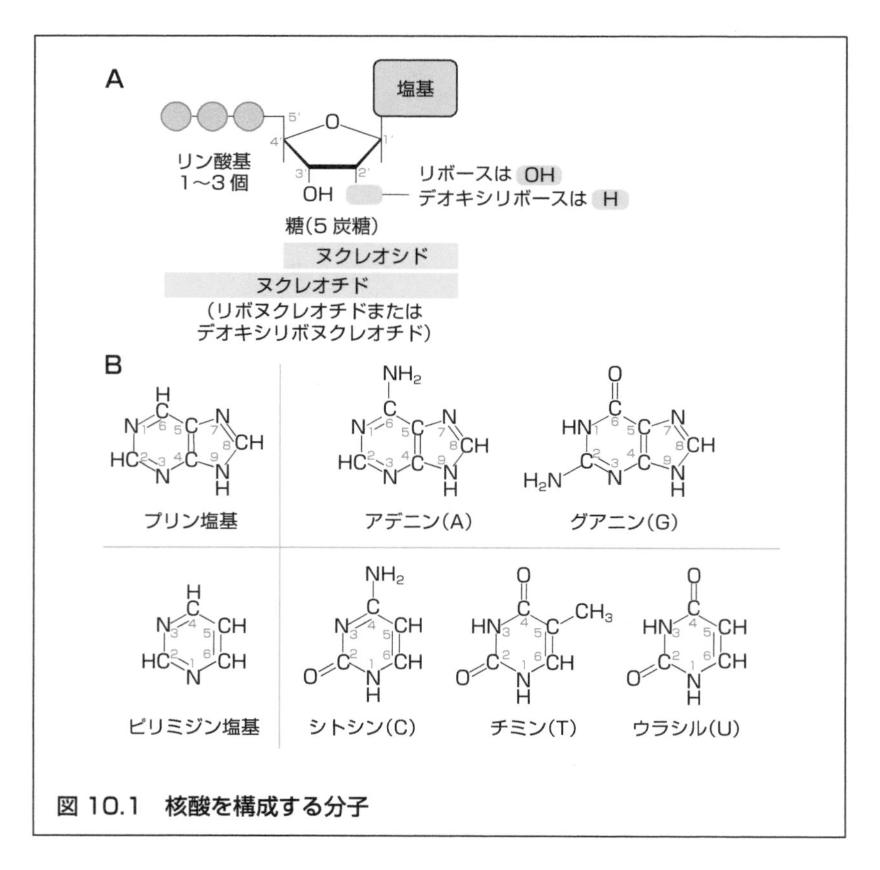

図10.1 核酸を構成する分子

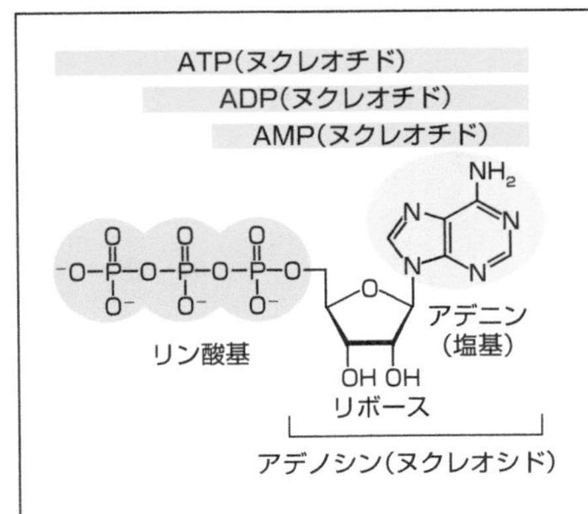

塩基	一リン酸	二リン酸	三リン酸
	リボヌクレオチド(RNA)		
アデニン(A)	AMP	ADP	ATP
グアニン(G)	GMP	GDP	GTP
シトシン(C)	CMP	CDP	CTP
ウラシル(U)	UMP	UDP	UTP
	デオキシリボヌクレオチド(DNA)		
アデニン(A)	dAMP	dADP	dATP
グアニン(G)	dGMP	dGDP	dGTP
シトシン(C)	dCMP	dCDP	dCTP
チミン(T)	dTMP	dTDP	dTTP

図 10.2　ヌクレオチド・ヌクレオシドの種類

とCが互いに向き合って結合するので，塩基のペア（**塩基対**）は階段の踏み板のようになっています（図 10.4）。塩基対を形成する塩基は決まっているので，DNAの一方のポリヌクレオチド鎖の塩基がどのように並んでいるか（**塩基配列**）が分かれば，残りのポリヌクレオチド鎖の塩基配列も必然的に決まります。このような二本鎖を互いに**相補的**であるといいます。

一方，RNAはA，U，G，Cの4種類のリボヌクレオチドによって構成されています。また，多くの場合RNAは一本鎖です。RNAに含まれるリボースは加水分解されやすいため，DNAよりも不安定であるという特徴もあります。なお，Aが水素結合する相手はUです。ちなみにRNAには，後に述べるメッセンジャーRNA（mRNA），リボソームRNA（rRNA），転移RNA（tRNA）など，さまざまな種類があります。

POINT 10

- 遺伝情報に重要なDNAやRNAのような物質を核酸という。核酸はヌクレオチドからなり，ホスホジエステル結合によって連なる。
- ヌクレオチドは五炭糖，リン酸，塩基からなる。DNAは塩基としてA，T，G，Cを持ち，RNAはTの代わりにUを持つ。
- DNAは，AとT，GとCの相補的なペアが水素結合して二重らせん構造をつくる。

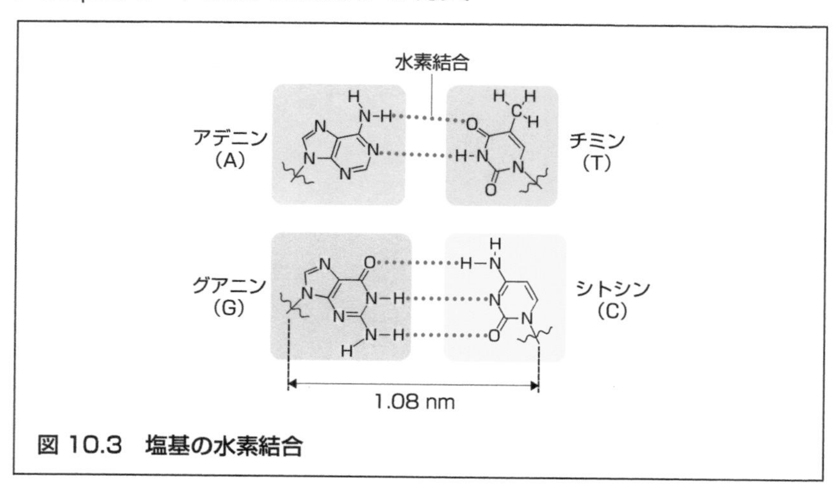

図 10.3　塩基の水素結合

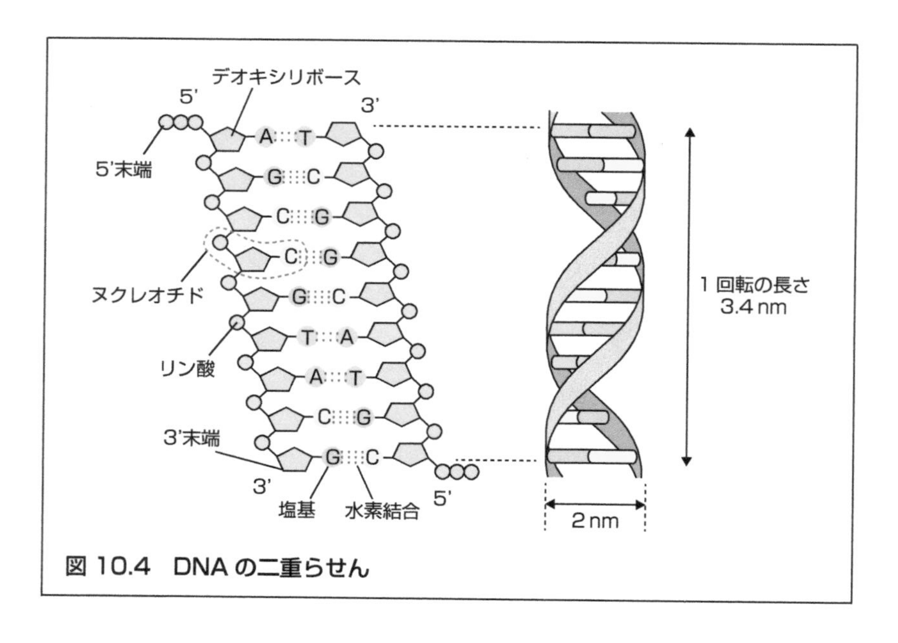

図 10.4　DNA の二重らせん

Stage 11 糖質

エネルギー源と細胞の衣装

生体内において重要な物質の一つに**糖質**があります。糖質は炭水化物とも呼ばれる物質で，**単糖**からなります。単糖には，細胞のエネルギー源である**グルコース**（ブドウ糖，図 11.1）やフルクトース（果糖）のほか，デオキシリボースのようにDNAに含まれて遺伝情報を担うものもあります。いずれの単糖も分子内に水酸基が多数あるため，水によく溶けます。

アミノ酸が連なってタンパク質を構成したように，単糖にも鎖のように連なったものがあります。2つの単糖が結合したものは**二糖類**，数個から10個程度の単糖が結合したものは**オリゴ糖**，多数の単糖が結合したものは**多糖類**です。このような単糖同士の結合は**グリコシド結合**と呼ばれます。

多糖類には，グルコースが連なった**デンプン**，**グリコーゲン**，**セルロース**といったものがあります（図 11.2）。デンプンは植物の光合成で作られる多糖であり，**アミロース**とアミロペクチンからできています。植物の種子や根，地中に埋まっている茎などに「デンプン粒」として貯蔵されており，エネルギー源として利用されます。一方，グリコーゲンは，動物がエネルギー源として利用する多糖です。例えばヒトであれば，肝臓や筋肉に貯蔵されています。

植物の細胞には**細胞壁**があります。これは，自身の細胞の形を維持する

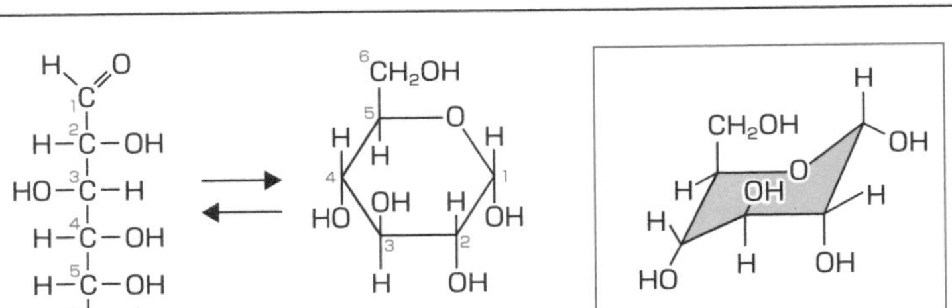

α-D-グルコース

実際の立体構造

図 11.1　グルコース

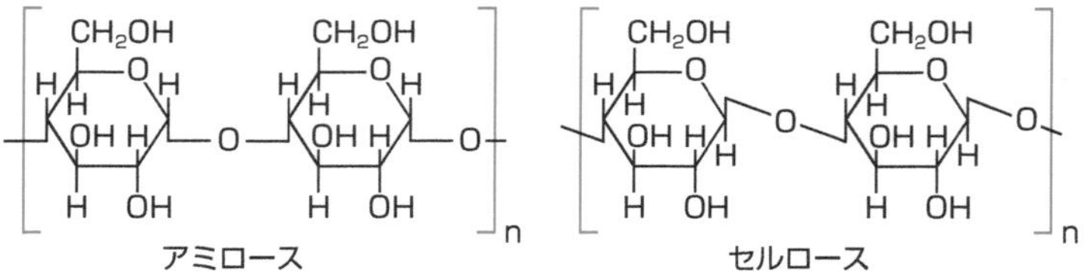

アミロース　　セルロース

図 11.2　グルコースからつくられる多糖類

ためのものであり，セルロースと呼ばれる多糖が含まれています。セルロースはアミロースと同様にグルコースが鎖状に結合したものですが，グリコシド結合の様式が異なります。ヒトの唾液に含まれる消化酵素であるアミラーゼは，アミロースのグリコシド結合は分解できるものの，セルロースのグリコシド結合は分解できないため，ヒトは植物の葉を栄養にすることができません。しかし，草食動物であるウシの胃には，セルロースを分解する酵素を分泌する細菌が共生しているため，植物からエネルギーを得ることができます。

そのほかの多糖類には，100 以上もの糖が結合した**グリコサミノグリカン**があります。ヒアルロン酸，コンドロイチン硫酸などの種類があり，多量の水分子を取り込む性質があります。このため，例えばヒトの膝関節の軟骨などでは，骨にかかるショックを吸収するクッションとして機能します。

真核生物のタンパク質の半分以上には，タンパク質を構成するアミノ酸の一部にオリゴ糖や多糖類が結合しています。このようなタンパク質を**糖タンパク質**と呼びます。特に細胞表面に存在する糖タンパク質は，細胞の性質を示す「細胞の衣装」とも呼ばれ，細胞間の情報伝達や，免疫，受精，血液型など，生体のあらゆる機能に重要な役割を果たします。

POINT 11

- ◆ 糖質は，生体のエネルギー源や遺伝情報の保持，タンパク質の修飾など，さまざまな役割を持つ。
- ◆ 糖質は単糖からなり，単糖が複数グリコシド結合すると多糖類になる。単糖であるグルコースは，結合の様式の違いでアミロースやセルロースなどの多糖類になる。

Stage 12 脂質

細胞膜やホルモンの原料

脂質は，糖質やタンパク質のように特定の分子構造を持った物質ではありません。主に炭素と水素が連なって構成された，水に溶けない物質です。生物の細胞膜は，この脂質からできた脂質二重層とタンパク質からなります。特にヒトの体内では，脂質は脂肪組織と脳組織に多く含まれています。

細胞内で必要なエネルギーは，糖質を分解するよりも脂質を分解して産生したほうが大量に得られ，単位体積当たりに貯蔵できるエネルギー量も脂質のほうが多いです。そのため，ヒトでは糖質よりも脂質を体内に貯蔵します。また，脂質はホルモンなどの生理活性物質として機能することもあります。

脂質に共通して含まれている成分に**脂肪酸**があります。脂肪酸は，分子内に疎水性の炭化水素鎖と親水性のカルボキシ基を両方持ちます。このように疎水性と親水性の両方を持つ分子を**両親媒性分子**といいます。両親媒性分子は，水溶液中では親水性の部分を外側に，疎水性の部分を内側に向けた**ミセル**という形状をとります（図 12.1）。この両親媒性分子の性質によって，水溶液の中でもミセルの内外で同じ物質が異なる濃度で存在できるようになります。

脂肪のうち，特に分子内にリン酸を含むものを**リン脂質**と呼びます。両

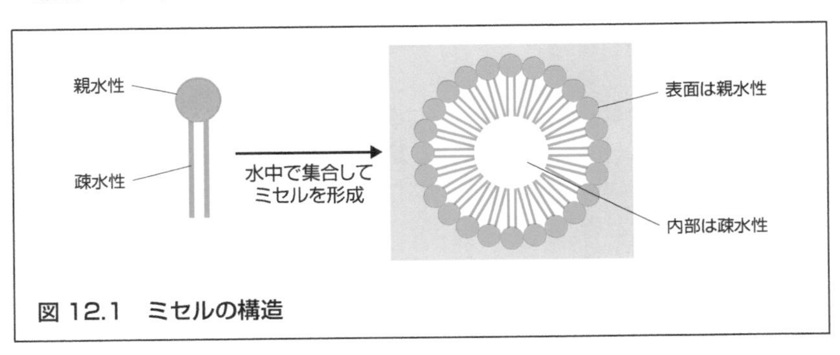

図 12.1　ミセルの構造

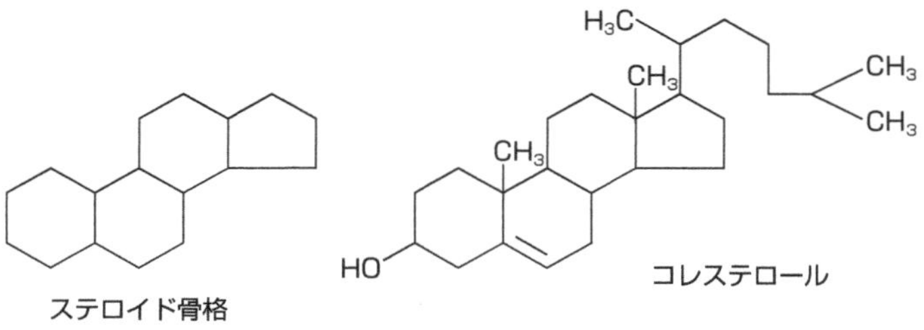

図 12.2　ステロイド化合物

親媒性を持ち，細胞の生体膜はこのリン脂質によって構成されています。また，神経細胞の軸索（→ Stage 35）という部分にもリン脂質の一種が含まれており，神経伝達に重要な絶縁体として機能しています。

上記以外の脂質には，**ステロイド**や**カロテノイド**などがあります。ステロイドは，炭素と水素だけで構成された特徴的な構造を持つ化合物です(図 12.2)。特に，ステロイドの一種であるコレステロールは生体膜の重要な成分です。コレステロールからは**テストステロン**（男性ホルモン），**エストラジオール**（女性ホルモン），**プロゲステロン**（黄体ホルモン）といったステロイドホルモンが合成されます。このほか，植物が光エネルギーを集めるための光合成色素として利用しているカロテノイドやクロロフィルも脂質に分類されます。カロテノイドの一種である**βカロテン**は，動物の体内ではビタミンAに変換されます。このように脂質には，さまざまな生理機能があります。

POINT 12

- 脂質は主に炭素と水素が連なって構成された，水に溶けない物質である。生物の細胞膜はリン脂質が重要な構成物質である。
- 脂肪酸は両親媒性を持つ物質であり，水溶液中では集合してミセルという形状をとる。
- ステロイドやカロテノイドと呼ばれる脂質は，ホルモン作用や光合成といった生体に欠かせない生理機能に重要な役割を果たす。

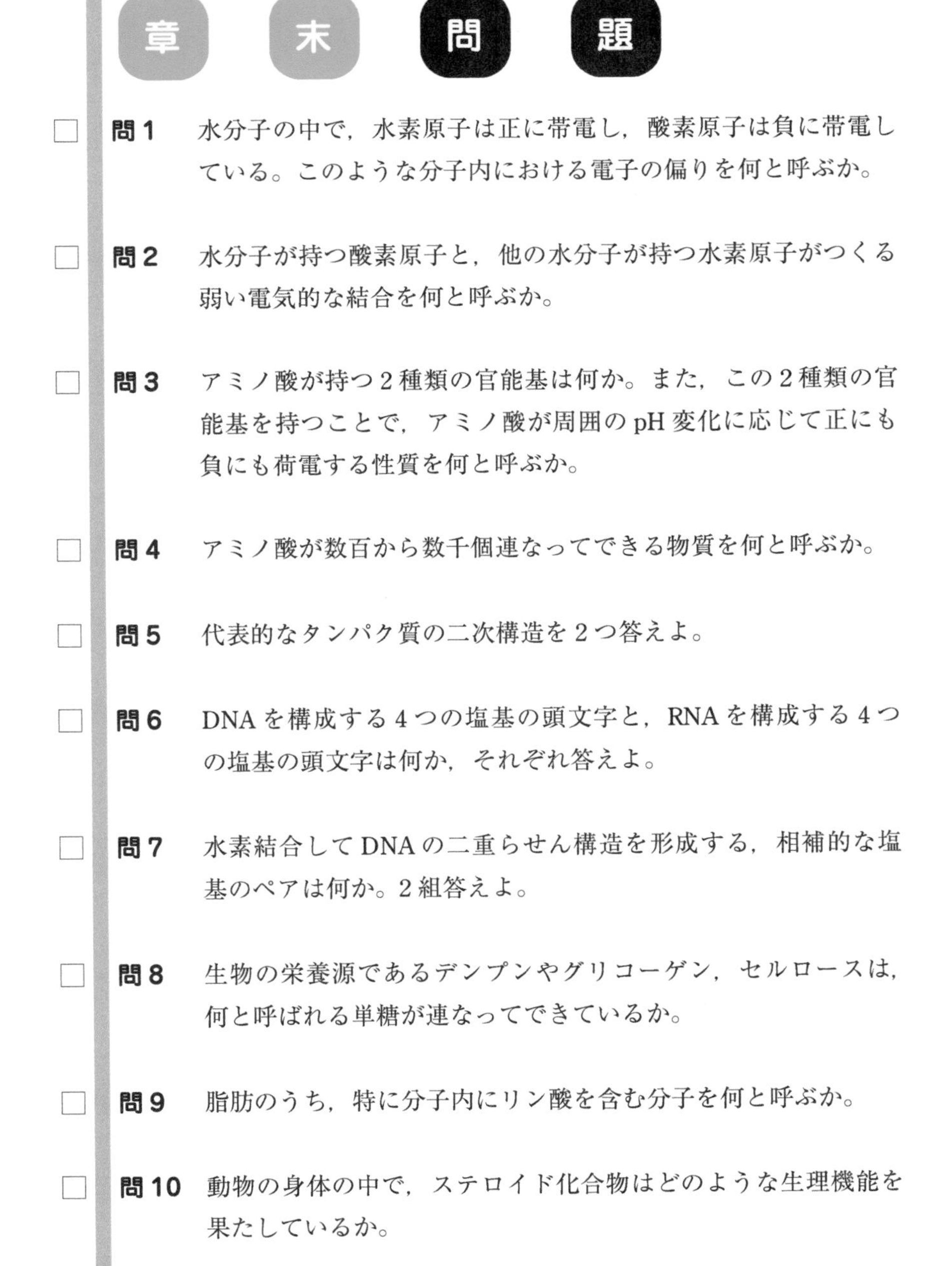

章末問題

□ **問1** 水分子の中で，水素原子は正に帯電し，酸素原子は負に帯電している。このような分子内における電子の偏りを何と呼ぶか。

□ **問2** 水分子が持つ酸素原子と，他の水分子が持つ水素原子がつくる弱い電気的な結合を何と呼ぶか。

□ **問3** アミノ酸が持つ2種類の官能基は何か。また，この2種類の官能基を持つことで，アミノ酸が周囲のpH変化に応じて正にも負にも荷電する性質を何と呼ぶか。

□ **問4** アミノ酸が数百から数千個連なってできる物質を何と呼ぶか。

□ **問5** 代表的なタンパク質の二次構造を2つ答えよ。

□ **問6** DNAを構成する4つの塩基の頭文字と，RNAを構成する4つの塩基の頭文字は何か，それぞれ答えよ。

□ **問7** 水素結合してDNAの二重らせん構造を形成する，相補的な塩基のペアは何か。2組答えよ。

□ **問8** 生物の栄養源であるデンプンやグリコーゲン，セルロースは，何と呼ばれる単糖が連なってできているか。

□ **問9** 脂肪のうち，特に分子内にリン酸を含む分子を何と呼ぶか。

□ **問10** 動物の身体の中で，ステロイド化合物はどのような生理機能を果たしているか。

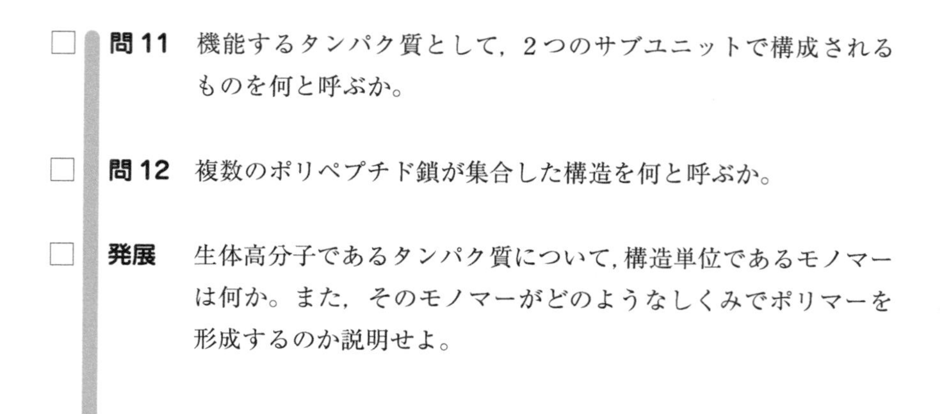

□ **問 11**　機能するタンパク質として，2つのサブユニットで構成されるものを何と呼ぶか。

□ **問 12**　複数のポリペプチド鎖が集合した構造を何と呼ぶか。

□ **発展**　生体高分子であるタンパク質について，構造単位であるモノマーは何か。また，そのモノマーがどのようなしくみでポリマーを形成するのか説明せよ。

解　答

問 1　分極
問 2　水素結合
問 3　アミノ基，カルボキシ基，両性電解質
問 4　ポリペプチド
問 5　α ヘリックス，β シート
問 6　DNA：A，T，G，C　RNA：A，U，G，C
問 7　アデニン（A）とチミン（T），グアニン（G）とシトシン（C）
問 8　グルコース
問 9　リン脂質
問 10　生体膜の構成物質としての機能や，ホルモンとしての作用
問 11　二量体
問 12　四次構造
発展　タンパク質は，モノマーであるアミノ酸が鎖状に連なったポリマーである。タンパク質は，側鎖が異なる20種類のアミノ酸同士が，アミノ基とカルボキシ基の脱水縮合（ペプチド結合）によって結合して形成される。

□ DNA・染色体・ゲノム・遺伝子
□ 染色体の構造
□ ヌクレオソーム
□ 転写
□ RNA プロセッシング
□ RNA の品質管理
□ タンパク質の産生
□ タンパク質の品質管理
□ 章末問題

Chapter 3
DNA と遺伝子

ゲノムとは，ある生物を形づくり，生命を維持して，連続性を維持するために必要な遺伝情報を記録しているDNA の全体を意味します。この Chapter では，ゲノムを構成する染色体の構造や，ゲノムが保持する遺伝情報がタンパク質や機能性 RNA 分子として発現されるしくみ，RNA やタンパク質の品質管理がどのように調節されているのかについて学びます。

Stage 13 DNA・染色体・ゲノム・遺伝子

遺伝情報本体の構造

真核細胞が細胞分裂する際に核内に**染色体**が見られることは，19世紀頃にはすでに分かっていました。このため，DNAの構造が明らかになる前から，遺伝する形質やそれを決める遺伝子と染色体が関係していることに，研究者たちは気付いていました。その後，染色体にはDNAとタンパク質が含まれることが明らかになりましたが，DNAとタンパク質のどちらが遺伝情報を担っているのかは，長らく不明でした。1950年代に入って，細胞の遺伝情報を持つのはDNAであり，染色体のタンパク質は長く連なったDNA分子を小さくまとめる役割を担っているのだと分かりました。このタンパク質は**ヒストン**と呼ばれます。また，染色体を形成するDNAとヒストンの複合体を**クロマチン**と呼びます。

遺伝子とは，特定のタンパク質を作るための情報を含む，DNAの塩基配列のことです。染色体を構成するDNA上にはA，T，G，Cの塩基が一列に並んでいますが，この4種類の塩基の並ぶ順番が，「アミノ酸をどのような順番でつなげればよいか」という情報を持っています。この情報を読み出す際には，DNAの二本鎖のうち片方の鎖を鋳型にして，相補的な塩基の配列を持つRNAを合成することで，DNAの塩基の配列を写し取ります。この過程を**転写**といい，DNAをコピーするように合成されたRNAをメッセンジャーRNA（**mRNA**）といいます。

転写されたmRNAは，その塩基配列をリボソームによって読み取られます。この配列の情報をもとに，リボソームはアミノ酸をペプチド結合でつなげてポリペプチド鎖を合成します。この過程は**翻訳**と呼ばれます。

この一連のしくみは，細菌からヒトまで，原核・真核生物の両方に共通する基本原理で，**セントラルドグマ**と呼ばれます（図13.1）。なお，RNA分子の多く，例えばmRNAはタンパク質を産生するために使われますが，時にはRNA分子自体が最終的な産物になることもあります。これらのRNA分子は，細胞内の構造や遺伝子発現調節などに重要です。

ある生物の染色体に書き込まれたすべての遺伝情報のことを**ゲノム**と呼びます。大腸菌からヒトに至るまで，これまでに多くの生物のゲノムのDNA配列，つまり**塩基配列**が解読されています。単純な細菌の全遺伝子数は約500個未満であるのに対して，ヒトでは約25,000個あります。生物が複雑になるほどゲノムも大きくなる傾向にありますが，必ずしもそうだとは限りません。例えば，ある種の植物のゲノムは，ヒトの30倍もの大きさがあります。

真核生物の体細胞は，通常，**相同染色体**（同じ染色体）を2本ずつ持ちます。例えばヒトの場合，父親の精子と母親の卵という生殖細胞を介して，22本の**常染色体**と1本の**性染色体**，合計23本の染色体を受け取ります。つまり，細胞の核内には，44本の常染色体と2本の性染色体の合計46本が存在します（図13.2）。この生殖細胞が持つ1組（ヒトの場合だと23組）の染色体中のDNAに含まれるすべての遺伝情報が，ヒトのゲノムになります。つまり，ヒトの場合，父親由来と母親由来のゲノムを2組持っていることになります。

DNA ⇄ RNA → タンパク質

→：一般的な経路
→：特殊な経路

図13.1　セントラルドグマ

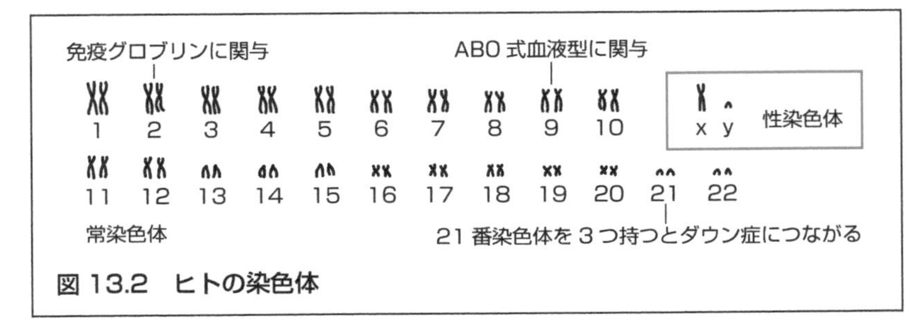

図13.2　ヒトの染色体

POINT 13

◆核内には染色体と呼ばれる構造があり，そこに含まれるDNAが遺伝情報を担っている。DNAに保存された情報はmRNAに転写され，タンパク質に翻訳される。このしくみをセントラルドグマという。
◆染色体に書き込まれたすべての遺伝情報をゲノムと呼ぶ。

Stage 14 染色体の構造

遺伝子の発現調節にも関与

細胞は，まず染色体を複製したのち2つに分離して，それぞれを2つの娘細胞へ均等に分配することで**分裂**します。この一連の流れを**細胞周期**（→Stage 48）と呼びます。細胞周期の中で，染色体を複製する時期を**間期**，染色体が凝縮・分離して2つの娘細胞に分配する時期を**分裂期**（**M期**）と呼びます。間期の染色体は伸びているため，細胞染色しても形をはっきりとは観察できませんが，分裂期には凝縮して太くなり，1本ずつ明瞭に区別できるようになります。細胞は間期の状態にあることがほとんどで，遺伝情報の読み出しはこの時期に行われます（図14.1）。

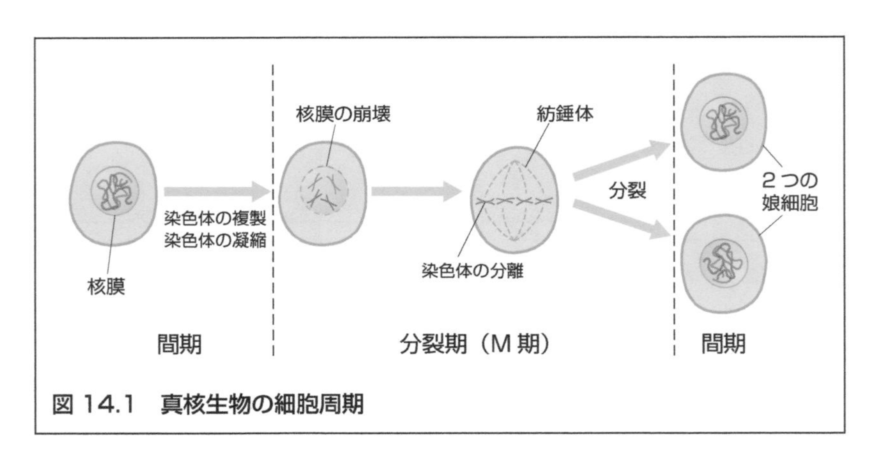

図14.1　真核生物の細胞周期

核を染色して断面を観察すると，核膜の周辺でクロマチンが凝縮して濃く見える部分（**ヘテロクロマチン**）と，薄く見える部分（**ユークロマチン**）があります（図14.2）。ヘテロクロマチンは，クロマチンが凝縮しているためにDNAが読み取られづらく，転写が不活性化される領域だと考えられています。一方のユークロマチンは，DNAがヒストンから離れて多種類のタンパク質と共存している領域であるため，転写が活性化されている領域だと考えられています。このため，ユークロマチンで発現している遺伝子をヘテロクロマチンに移動すると，その遺伝子の発現が抑制されます。このような遺伝子発現の変化は**位置効果**と呼ばれ，多くの真核生物において観察されています（図 14.3）。

ヘテロクロマチンは染色体上の多くの場所に存在しますが，特に2本の染色体が中央部分で付着している部分である**セントロメア**や，染色体の端の部分である**テロメア**などの特定の領域に集中して存在しています。哺乳類の細胞では，ゲノムの10％以上が通常このように凝縮し，遺伝子発現が抑えられているのです。

核膜
核小体
ヘテロクロマチン
ユークロマチン

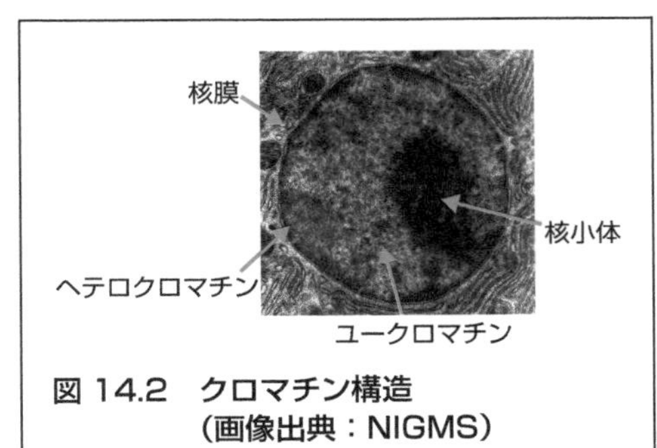

図 14.2　クロマチン構造（画像出典：NIGMS）

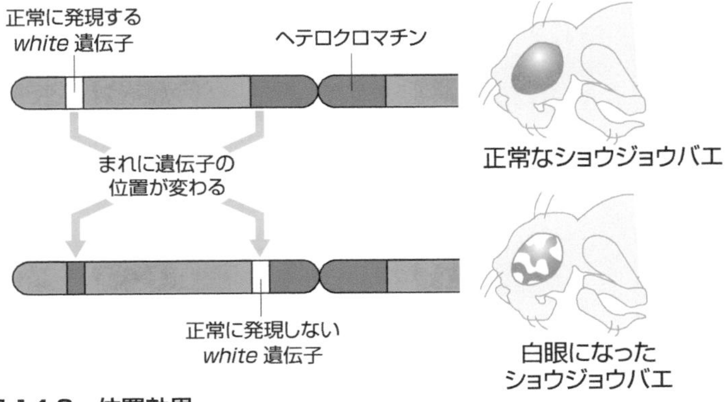

正常に発現する
white 遺伝子
ヘテロクロマチン
まれに遺伝子の
位置が変わる
正常に発現しない
white 遺伝子
正常なショウジョウバエ
白眼になった
ショウジョウバエ

図 14.3　位置効果

POINT 14

◆ 細胞周期は，染色体を複製する間期と，染色体を2つの娘細胞に分配する分裂期からなる。
◆ 染色体のうち，クロマチンが凝縮している部分がヘテロクロマチンであり，転写が不活性化されている。逆に，クロマチンの密度が低いユークロマチンの領域は転写が活性化されている。このような遺伝子発現抑制を位置効果という。

Stage 15 ヌクレオソーム

DNAをコンパクトにまとめるしくみ

クロマチンの最小単位は，**ヒストンタンパク質**とDNAの複合体である**ヌクレオソーム**です。真核細胞の染色体を構成するクロマチンの大部分は，直径約30 nmの繊維状になっています。このクロマチンを解きほぐして電子顕微鏡で観察すると，糸コマに糸が巻き付けられたような構造が見えます（図15.1）。これは**ヌクレオソーム・コア粒子**と呼ばれる構造体で，糸にあたるのがDNAです。ヌクレオソーム・コア粒子は，ヒストンH2A，H2B，H3，H4がそれぞれ2分子ずつ，合計8個（**ヒストン八量体**）から構成されています。このヌクレオソーム・コア粒子には，二本鎖DNAが約2回（約147塩基対）巻き付いています。

このヒストンタンパク質とDNAの結合は非常に強力なため，一度ヌクレオソームが形成されると，ヒストンタンパク質からDNAを解きほぐすことは難しいと考えられていました。しかし，もしDNAをヒストンタンパク質から解きほぐすことができなければ，DNAに結合して遺伝子の発現を制御するタンパク質や，DNAの複製や修復に関与するタンパク質がDNAに近づくことができなくなり，細胞が機能しなくなってしまうはずです。実際には，DNAとヒストンタンパク質は常に結合しているわけで

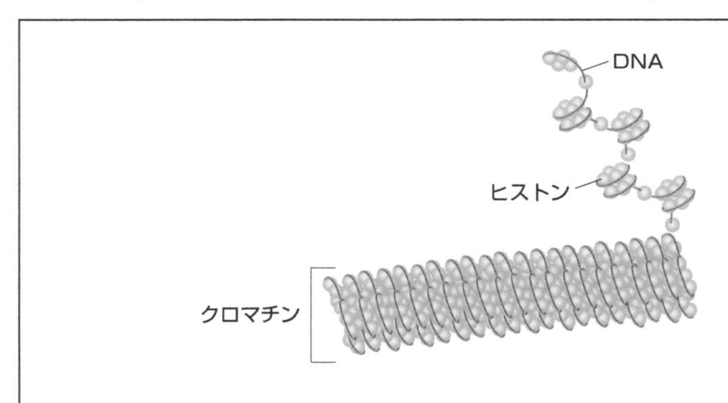

図15.1　ヌクレオソームの模式図（画像出典：NIGMS）

はなく，DNA が巻き付いた状態（約 250 ミリ秒間）とほどけた状態（約 10 ～ 50 ミリ秒間）を絶えず繰り返していると考えられています。このようなヌクレオソームの構造の変化によって，DNA の塩基配列にさまざまなタンパク質が結合できるようになります。

4 種類のヒストンタンパク質の N 末端にある**ヒストンテール**と呼ばれる領域は，ヌクレオソームから飛び出しています。このヒストンテールの特定のアミノ酸側鎖は，アセチル化やメチル化，リン酸化などの化学的修飾を受けます（図 15.2）。こうした修飾によっても，遺伝子発現のタイミングなどが調整されます。例えば，ヒストンテールのリジン残基がアセチル化されると，クロマチン構造がゆるまり，遺伝子発現のタイミングに関与するタンパク質が結合できるようになります。このように，「ヒストンに付加されるさまざまな化学的な修飾が，遺伝子発現を調節する情報として機能する」という**ヒストンコード仮説**が提唱されました。

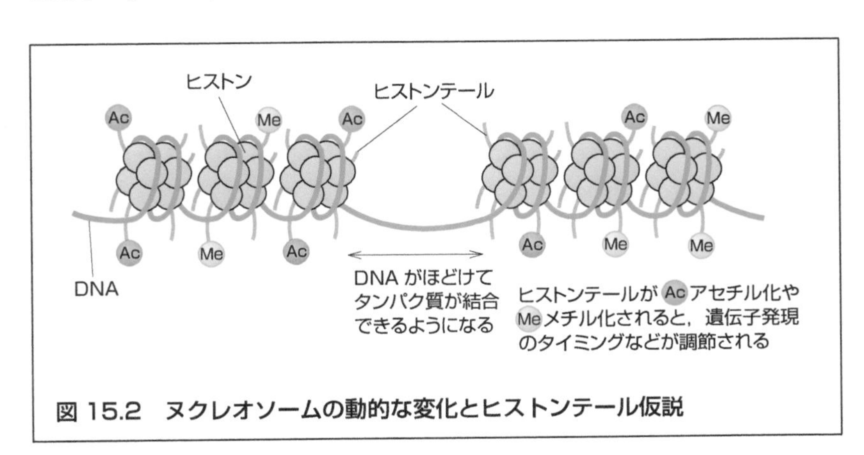

図 15.2　ヌクレオソームの動的な変化とヒストンテール仮説

POINT 15

◆ クロマチンの最小単位は，ヒストンタンパク質と DNA の複合体のヌクレオソームである。ヒストンタンパク質は，DNA が巻き付いた状態とほどけた状態を絶えず繰り返している。
◆ ヒストンタンパク質のヒストンテールが化学的に修飾されることで遺伝子発現が調節される「ヒストンコード仮説」が提唱されている。

Stage 16 転写

DNA の情報を RNA へ写し取る

遺伝情報を読み取ってタンパク質をつくるためには，まず DNA の塩基配列上の遺伝子をコードしている領域を RNA にコピーする必要があります。この過程が**転写**です。

RNA は，**RNA ポリメラーゼ**によって合成されます（図 16)。真核生物の場合，RNA ポリメラーゼには I，II，III の 3 種類があります。I は主に rRNA（後述）の合成を担い，II は mRNA の合成，III は tRNA（後述）の合成などを行う，というように役割分担されています（表 16)。一方で，大腸菌や細菌などの原核生物には，RNA ポリメラーゼが 1 種類しかありません。

DNA は遺伝情報が連なった長い直鎖であるため，DNA にはどの位置から転写を始めればよいか（**転写開始点**はどこか）という情報がなければなりません。この情報は DNA の**プロモーター**と呼ばれる塩基配列に記されています。プロモーター配列は，RNA ポリメラーゼが DNA に結合するための領域であるとともに，RNA ポリメラーゼがどちらの方向に転写すればよいかを規定しています。

mRNA の転写を行う真核細胞の RNA ポリメラーゼ II は，原核細胞の RNA ポリメラーゼと類似した機能を有していますが，次の点で大きく異なります。それは，転写には RNA ポリメラーゼ以外にも多数の**基本転写因子**と呼ばれるタンパク質群が必要だという点です。基本転写因子は，RNA ポリメラーゼが正しくプロモーター配列を認識して，転写を開始するのに重要な役割を果たします。特に RNA ポリメラーゼ II 用の基本転写因子（transcription factor for polymerase II）は略して **TFII** と呼ばれ，6 種類もあります。真核生物に多くの基本転写因子が存在するのは，原核細胞とは異なり，精密に転写開始位置を決める必要があるためです。

転写の際に合成される RNA には，遺伝子をコピーしてタンパク質の合成を指令する mRNA 以外に，RNA 自身が細胞内で酵素のように機能するものもあります。例えば，Stage 17で説明するスプライシングを行うための核内低分子RNA（**snRNA**：small nuclear RNA）や，リボソームの一部となるリボソームRNA（**rRNA**：ribosomal RNA），アミノ酸を選択してリボソームに輸送し，タンパク質を合成するのに重要な転移RNA（**tRNA**：transfer RNA），真核生物の遺伝子発現の調節を行うマイクロRNA（**miRNA**：micro RNA）や低分子干渉RNA（**siRNA**：small interfering RNA）などもあります。

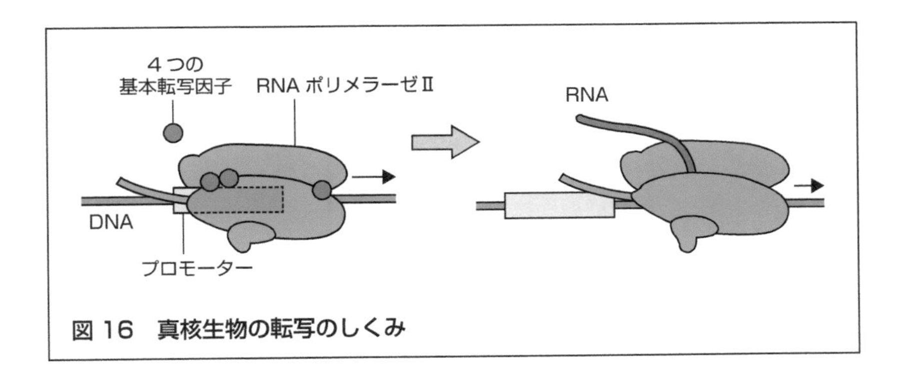

図16　真核生物の転写のしくみ

表16　真核細胞の3種類のRNAポリメラーゼ

ポリメラーゼの種類	転写される遺伝子
RNAポリメラーゼⅠ	5.8S，18S，28SrRNA遺伝子
RNAポリメラーゼⅡ	すべてのmRNA遺伝子，snoRNA遺伝子，miRNA遺伝子，siRNA遺伝子とsnRNA遺伝子のほとんど
RNAポリメラーゼⅢ	5S rRNA遺伝子，tRNA遺伝子，snRNA遺伝子の一部と小分子RNA遺伝子

rRNAは超遠心での沈降速度を示す「S（スウィードベリ単位）」の値により名付けられている。Sの値が大きいほど，大きいrRNA分子である。

POINT 16

◆ DNAの塩基配列上の遺伝子をコードしている領域を，RNAにコピーする過程を転写という。

◆ mRNAは真核生物においてはRNAポリメラーゼⅡによって合成される。DNAのどの位置から転写をすればよいかという情報は，プロモーターと呼ばれる塩基配列に記されている。

Stage 17 RNAプロセッシング

成熟したRNA分子のつくり方

真核生物の染色体は，原核生物と比較して複雑な構造で，遺伝子の転写とそれに続く過程も異なります。大きな違いは，mRNAに**修飾**や**プロセッシング**が行われることです。

原核生物のmRNAは，ゲノム上の特定の場所から転写されると，タンパク質の合成に用いられます。一方，真核生物の場合，転写されたmRNAはタンパク質合成に使えるわけではありません。実は，真核生物の遺伝子には，塩基配列の中にタンパク質の情報を持たない領域が含まれています。タンパク質の情報を持つ塩基配列の領域を**エキソン**，持たない領域を**イントロン**と呼びます。mRNAをタンパク質合成に用いるためには，イントロンを取り除く**スプライシング**という過程を経る必要があるのです。また，分解されやすいRNAを安定に保つために，RNAの両端には修飾が施されます（図17）。こうしてできたRNAを**成熟mRNA**と呼び，この過程を**プロセッシング**といいます。

プロセッシングの過程を詳細に見ていきましょう。まず，RNAポリメラーゼIIが転写を始める際にプロモーター配列へ結合します（図16）。RNAを合成し始めると，RNAポリメラーゼIIはプロモーター配列から解離し，DNA上を滑りながらRNAを合成していきます。この解離で重要になるのがRNAポリメラーゼIIのC末端にリン酸基が付加されること（リン酸化）です。C末端がリン酸化されると，RNAのプロセッシングに必要なタンパク質（プロセッシングタンパク質）が集まって，プロセッシングを開始します。つまりRNAポリメラーゼIIは，RNAへの転写とRNAのプロセッシングを行うRNA工場なのです。

プロセッシングが始まると，RNA分子の5′末端に7−メチルグアノシンからなる**キャップ構造**が付加されます（**キャッピング**）。これによってRNAが分解されるのを防ぎます。また，このキャップ構造は，細胞内に存在する他のRNAとmRNAの区別にも用いられます。3′末端には約250個の連続したアデニン（A）が付加される，**ポリアデニル化**も行われます。この構造のことを**ポリ A テール**と呼び，mRNA の保護に重要です。その後，mRNA からイントロンを取り除いてエキソンをつなぎ合わせるスプライシングが行われます。スプライシングされてできた成熟 mRNA は，核膜の中に存在する穴を通して，核から細胞質，リボソームへと輸送されます。

真核生物がスプライシングを行うのは，多数のイントロンが存在することで，異なる遺伝子のエキソンと容易につなぎ合わせることが可能になるからだと考えられています。これは，既存の遺伝子の一部を組み合わせて新しいタンパク質を作り出すという現象につながります。実際，真核細胞内の多くのタンパク質は，**ドメイン**と呼ばれる共通のタンパク質領域が組み合わさってできています。このドメインの長さは，アミノ酸残基 20 個以上になることもあります。また，1 つのタンパク質内に複数の異なるドメインが存在することもあり，それぞれがタンパク質の機能を担っているのです。

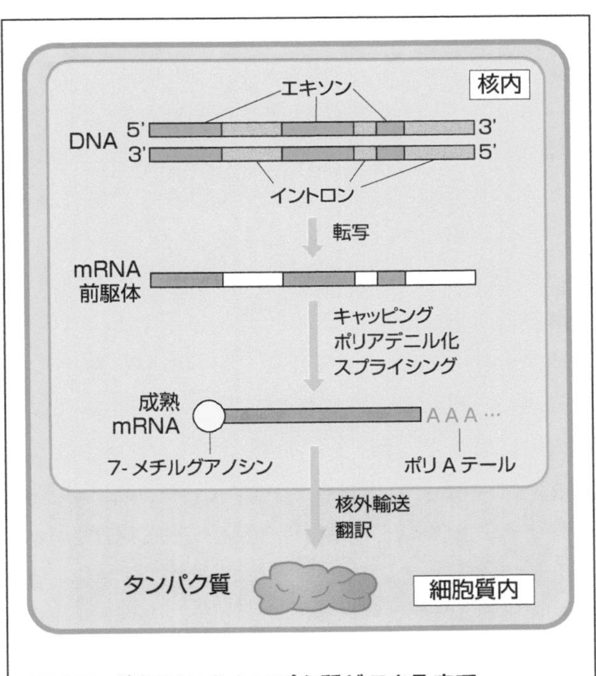

図 17　遺伝子からタンパク質ができるまで

POINT 17

◆ 真核生物の mRNA は合成後に修飾やプロセッシングが行われる。5′ 末端に 7-メチルグアノシンが付加されるキャッピング，3′ 末端にアデニンを多数付加するポリアデニル化，タンパク質の情報を持たないイントロンを切り出して，情報を持つエキソンをつなぎ合わせるスプライシングが行われる。

Stage 18 RNA の品質管理

不良品 RNA のチェック

真核生物では，合成した RNA に含まれるイントロンを切り取り，残った部分を用いて成熟 mRNA を産生します。その過程では，壊れた RNA 分子やうまく加工できなかった RNA 分子がゴミとして出てきます。成熟した mRNA には，その証としてキャップ構造とポリ A テールが修飾されていますが，そうでない RNA 分子には修飾がありません。

つまり，mRNA 分子上に結合している分子をチェックすることで，細胞は mRNA が正しくプロセッシングされたかどうかを判断できるのです。そして，正しく加工された成熟 mRNA だけが，核から細胞質へと輸送され，タンパク質へと翻訳されます。一方，うまくプロセッシングできなかった RNA 分子は核内に残され，**RNA エキソヌクレアーゼ**と呼ばれる分解酵素を含む大型のタンパク質複合体によって分解されます。

成熟した mRNA は，特殊なタンパク質が集合してできた**核膜孔複合体**を通過して細胞質へと輸送されます。核膜孔複合体は筒状の構造物で，核膜の中に埋まっており，細胞質と核内を貫通するトンネルのようになっています（図 18.1）。成熟した mRNA だけがこの核膜孔複合体と結合することができ，中央部分に開いた直径 90 nm 程度の小さな穴を通って細胞質へと輸送されます。このように，核内には間違った mRNA を排除するしくみがあります。

しかしまれに，うまく加工できなかった mRNA が細胞質に運ばれたり，細胞質に輸送されたあとで mRNA が損傷を受けたりする場合もあります。こうした損傷のある mRNA を翻訳すると異常のあるタンパク質が産生されてしまうため，細胞にはこれを避けるための安全装置があります。例えば，リボソームで翻訳を開始する前に，キャップ構造やポリ A テールをチェックするしくみや，ナンセンス変異と呼ばれる重大な変異を起こした mRNA をチェックし，分解するしくみもあります（**NMD**：nonsense-mediated mRNA decay，図 18.2）。

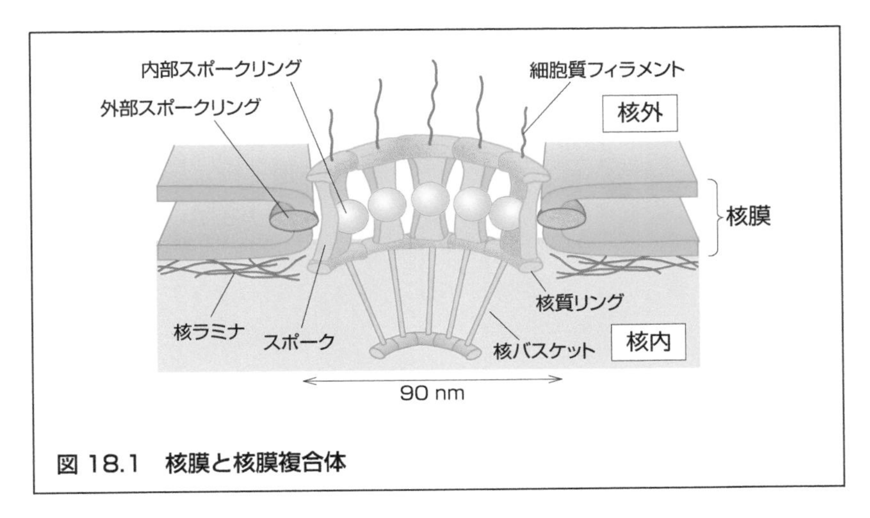

図 18.1　核膜と核膜複合体

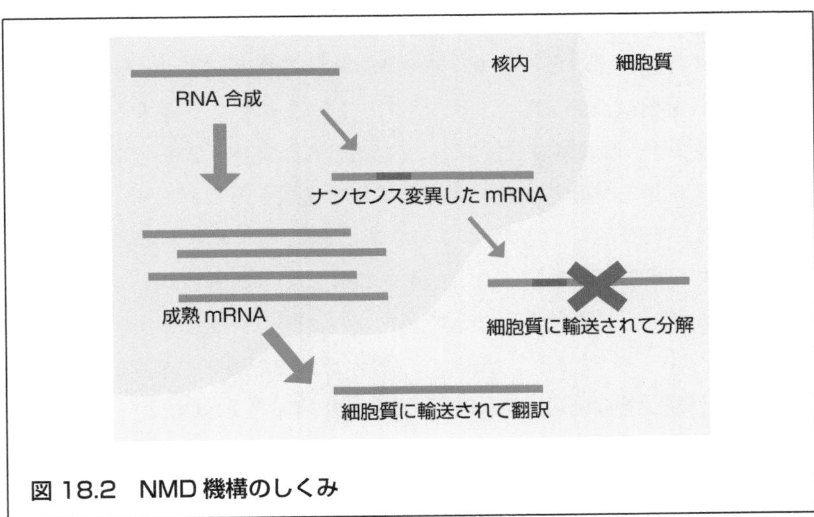

図 18.2　NMD 機構のしくみ

POINT 18

- 細胞には，mRNA が正しくプロセッシングされたかどうかを判断する品質管理のしくみがある。正しくプロセッシングされなかった mRNA は核外に出ることができず，核内で分解される。
- 正しくプロセッシングされなかった mRNA が細胞質に運ばれた場合にも，異常のあるタンパク質を産生しないための分解機構がある。

Stage 19 タンパク質の産生

mRNA からアミノ酸へ変換

翻訳，すなわちタンパク質の産生は，mRNA が持つ塩基配列の情報に従ってリボソーム上で行われます。リボソームは 50 種類以上のリボソームタンパク質と数種類の rRNA 分子からなる複合体です。真核生物の細胞質には，数百万個以上のリボソームが存在しており，ひとつひとつが小サブユニット 1 個と大サブユニット 1 個によって構成されます。小サブユニットは，タンパク質の材料であるアミノ酸を運搬する tRNA と mRNA とを対応させる場所として機能します。大サブユニットは，アミノ酸同士をペプチド結合してポリペプチド鎖を作り出す役割を持ちます。

mRNA の配列は，3 塩基（コドン）ごとに 1 つのアミノ酸を指定（コード）しています。tRNA の役割は，この mRNA のコドンに相補的に結合することで，コドンが指定しているアミノ酸を運搬することです。つまりリボソームは，mRNA の塩基配列を 3 塩基ごとに読み取り，その組み合わせに対応するアミノ酸を持った tRNA を結合して，運搬されてきたアミノ酸を次々にペプチド結合することで，タンパク質を合成します（図 19.1）。

ほとんどのタンパク質は，20 秒から数分で合成が終了します。1 つのリボソームが翻訳を開始して，mRNA 上を 80 塩基程度進むと，次のリボソームが mRNA の 5′ 末端に結合します。つまり，1 本の mRNA 上には，通常複数のリボソームが結合した状態にあります（ポリソーム，またはポリリボソームと呼びます）。これにより，1 つの mRNA から同じタンパク質を同時に複数翻訳することができるため，一定時間内に合成できるタンパク質の分子数が驚異的に増えます。

原核生物も真核生物もポリソームを用いてタンパク質合成を行いますが，タンパク質合成をさらに効率よく行うために独自の方法をとっています。原核細胞は真核細胞と違ってスプライシングの必要がなく，核がないため，RNA ポリメラーゼが DNA に結合して mRNA を転写している後ろからリボソームが結合して，すぐに翻訳を開始します。一方，真核生物では，

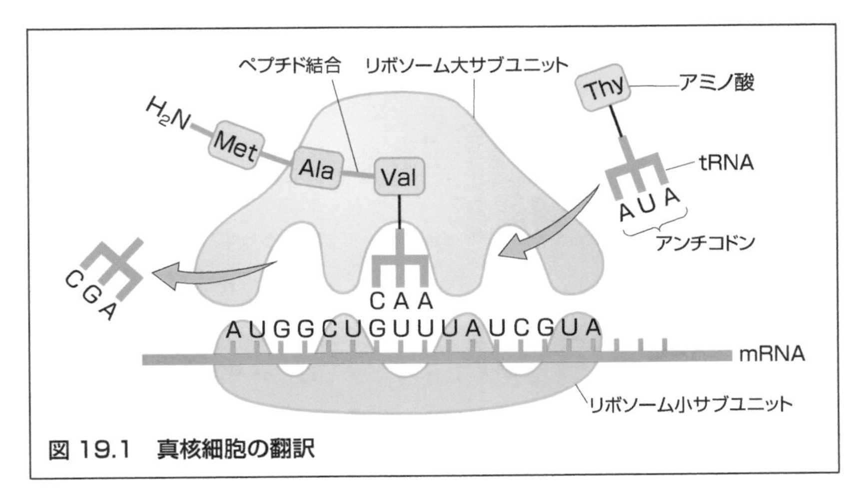

図 19.1　真核細胞の翻訳

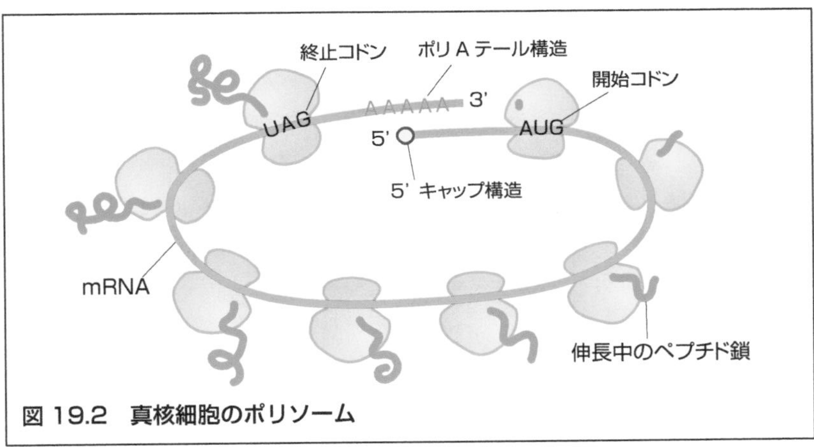

図 19.2　真核細胞のポリソーム

mRNA の 5′ 末端と 3′ 末端を結合させて，翻訳が終わったリボソームが再び同じ mRNA に結合して翻訳を始められるようになっています（図 19.2）。

POINT 19

- ◆ タンパク質の産生（翻訳）は，mRNA が持つ塩基配列の情報に従って，リボソーム上でアミノ酸を合成することによって行われる。
- ◆ mRNA の配列は，3 塩基ごとに 1 つのアミノ酸をコードしている。このコドンに相補的に結合する tRNA が対応するアミノ酸を運搬する。

Stage 20 タンパク質の品質管理

不良品タンパク質のチェック

タンパク質は，mRNA に記載されたアミノ酸配列を翻訳すれば完成，というわけではありません。細胞内で機能するためには，ポリペプチド鎖が正しく折りたたまれて，正しい立体構造をとらなければなりません。

ほとんどのタンパク質は，リボソームでポリペプチド鎖として合成されたあとに，**シャペロン**と呼ばれるタンパク質と結合します。シャペロンはタンパク質を折りたたむ機能を持っています。例えば，真核細胞ではたらく Hsp70 と呼ばれるシャペロンは，合成されたポリペプチド鎖がリボソームから解離する前に結合し，正しい立体構造をとるように折りたたみます。また，Hsp60 ファミリーのシャペロンは，誤って折りたたまれたタンパク質を閉じ込める隔離室のように機能して，異常なタンパク質同士が凝集するのを防ぎ，再び折りたたみ直すための修理工場のようにも機能します。

しかし時には，タンパク質の折りたたみに失敗してしまう場合もあります。このときにできる異常タンパク質は細胞に害をもたらす可能性もあるため，完全に分解される必要があります。しかし，分解するといっても，どのようにして異常タンパク質だけを見分ければよいのでしょうか。

分解すべきタンパク質を認識するために，細胞は異常タンパク質に**ユビキチン**（Ub）という小さなタンパク質を付加（**ユビキチン化**）します。ユビキチンは酵母からヒトまでのあらゆる真核細胞に存在する，小さなタンパク質です。異常タンパク質にユビキチンが複数個付加されると，これが目印となって**プロテアソーム**と呼ばれる酵素による分解を受けます。

ユビキチンは，ATP の持つエネルギーを利用してユビキチン活性化酵素 E1 に結合します。E1 と結合したユビキチン（E1-Ub）は，ユビキチン結合酵素 E2 に再び結合し，複合体 E2-Ub になります。続いて数種のタンパク質からなるヘテロ複合体ユビキチンリガーゼ E3 と複合体を形成します。その際 E3 は，異常タンパク質と結合し，異常タンパク質はユビキチン化されます。ここまでの段階が何度も繰り返されることで，ユビキチン分子が異常タンパク質に鎖状に結合した**ポリユビキチン化**が起こります。20S プロテアソーム（28 個のサブユニットからなる複合体）は，その両端でユビキチン認識サブユニットと結合し，26S プロテアソームを形成します。ここに，ポリユビキチン化された異常タンパク質が結合し，ATP 依存的に異常タンパク質の分解が起こります。この際，ポリユビキチン鎖は異常タンパク質から取り外され，再利用されます（図 20）。

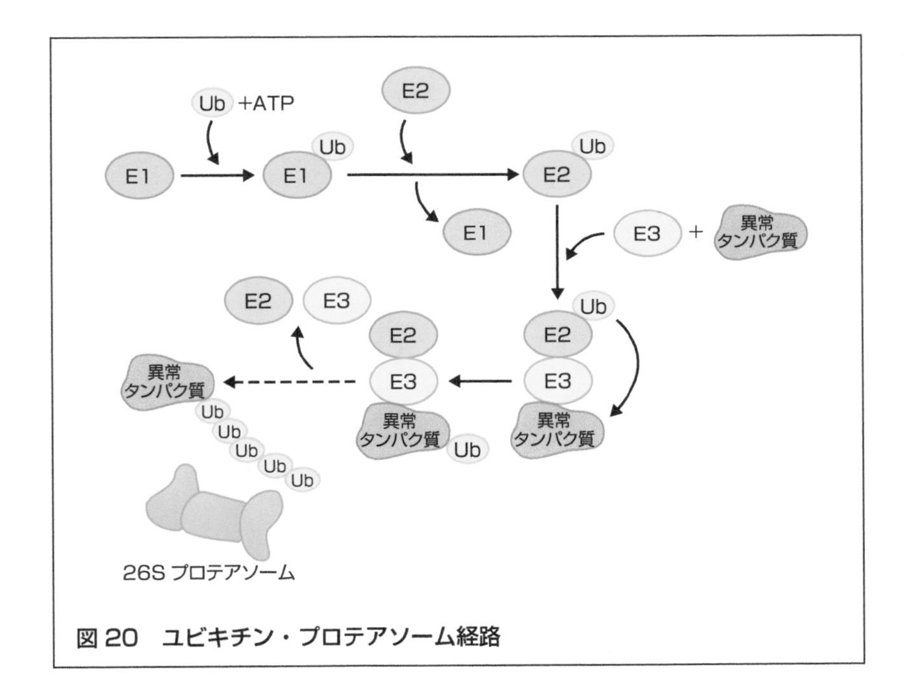

図 20　ユビキチン・プロテアソーム経路

POINT 20

- タンパク質は，ポリペプチド鎖として合成されたあとにシャペロンと結合し，正しい立体構造をとるように折りたたまれる。
- Hsp60 ファミリーのシャペロンは，誤って折りたたまれたタンパク質を再び折りたたみ直す役割を持つ。
- 折りたたみに失敗してしまった異常タンパク質はユビキチン化され，この目印によってプロテアソームに捕捉され，分解される。

column

蛍光タンパク質を用いた生細胞イメージング

細胞の中のタンパク質の動きを観察するにはどうしたらよいでしょうか。これは世界中の研究者にとって非常に難しい課題でした。細胞内のタンパク質はほぼ透明であるため，細胞をそのまま光学顕微鏡で見てもタンパク質を観察することはできません。また，光学顕微鏡の分解能（検知できる最小の大きさ）は約 0.2 μm です。タンパク質の大きさは数十 nm しかないため，光学顕微鏡を用いたとしても，ひとつひとつのタンパク質を区別して見ることはできません。分解能が高い顕微鏡である電子顕微鏡（約 0.2 nm）を用いれば，細胞内のタンパク質のひとつひとつを観察することはできます。しかし，電子顕微鏡は観察対象を真空中に置く必要があるため，今度は細胞を生きたまま観察することができなくなります。

この問題を解決する方法として，**緑色蛍光タンパク質**（**GFP**：green fluorescent protein）を用いた細胞観察技術（**生細胞イメージング**）が開発されました。GFP は，青色の光を吸収して緑色の蛍光を発するタンパク質です。この GFP の遺伝子と観察したいタンパク質の遺伝子とを，遺伝子組換え技術を用いて人工的に融合します。これを細胞のゲノムに導入すると，細胞内では，観察したいタンパク質が GFP と結合した状態で発現するようになります。この GFP の発する蛍光を観察することで，生きた細胞内でのタンパク質の動きや位置を調べることができるのです。また，異なる色――例えば，赤色や青色の光を発する蛍光タンパク質を用いることで，細胞内で複数のタンパク質を同時に観察することも可能になりました。

蛍光タンパク質を用いた生細胞イメージング技術によって，ホルモンが分泌される様子や，がんが転移する様子，神経細胞が興奮する様子などを，直接目で観察できるようになりました。研究者は，これまで分からなかった生命現象を解明するための新たなツールを手に入れたのです。

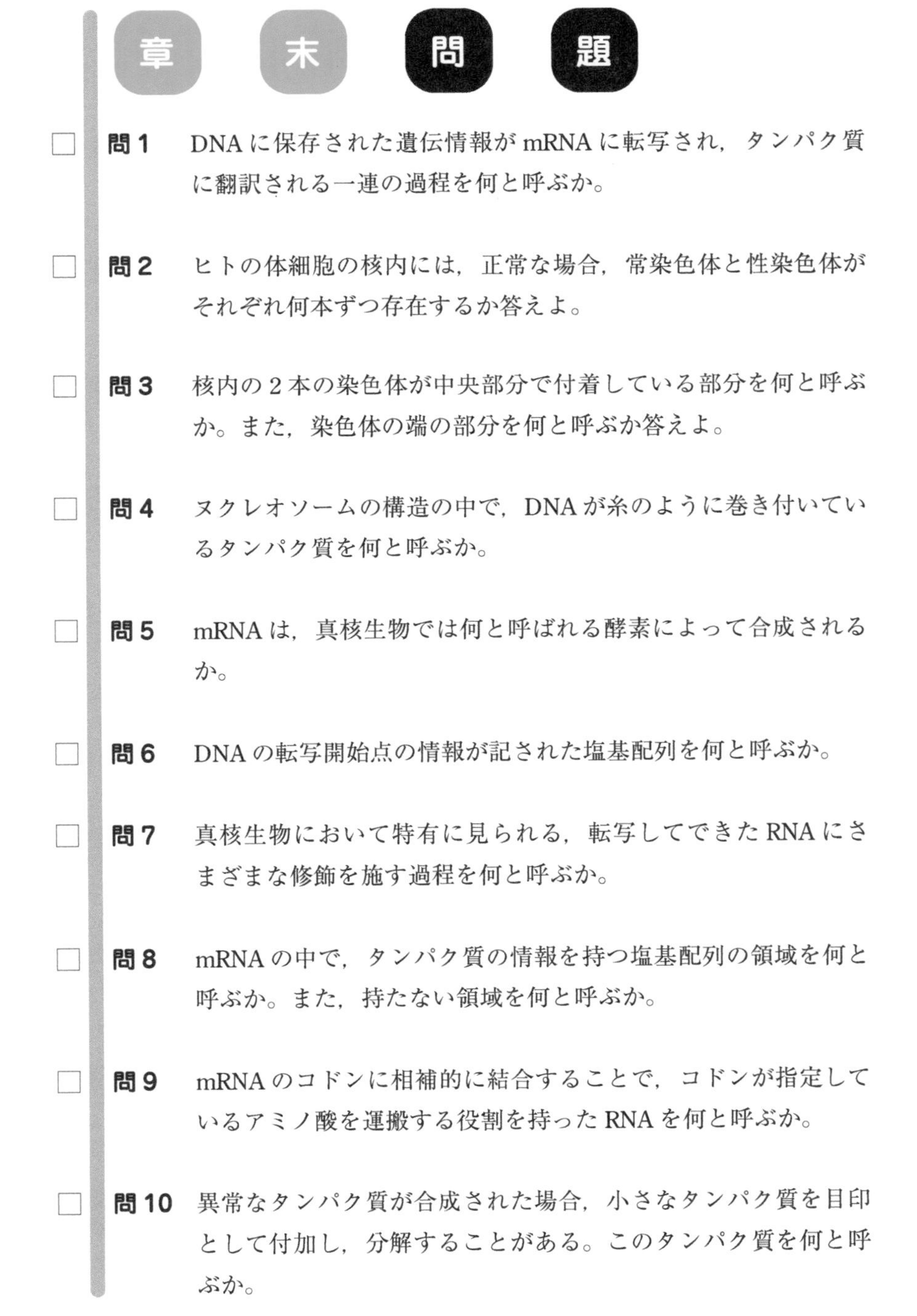

章末問題

□ **問1** DNAに保存された遺伝情報がmRNAに転写され，タンパク質に翻訳される一連の過程を何と呼ぶか。

□ **問2** ヒトの体細胞の核内には，正常な場合，常染色体と性染色体がそれぞれ何本ずつ存在するか答えよ。

□ **問3** 核内の2本の染色体が中央部分で付着している部分を何と呼ぶか。また，染色体の端の部分を何と呼ぶか答えよ。

□ **問4** ヌクレオソームの構造の中で，DNAが糸のように巻き付いているタンパク質を何と呼ぶか。

□ **問5** mRNAは，真核生物では何と呼ばれる酵素によって合成されるか。

□ **問6** DNAの転写開始点の情報が記された塩基配列を何と呼ぶか。

□ **問7** 真核生物において特有に見られる，転写してできたRNAにさまざまな修飾を施す過程を何と呼ぶか。

□ **問8** mRNAの中で，タンパク質の情報を持つ塩基配列の領域を何と呼ぶか。また，持たない領域を何と呼ぶか。

□ **問9** mRNAのコドンに相補的に結合することで，コドンが指定しているアミノ酸を運搬する役割を持ったRNAを何と呼ぶか。

□ **問10** 異常なタンパク質が合成された場合，小さなタンパク質を目印として付加し，分解することがある。このタンパク質を何と呼ぶか。

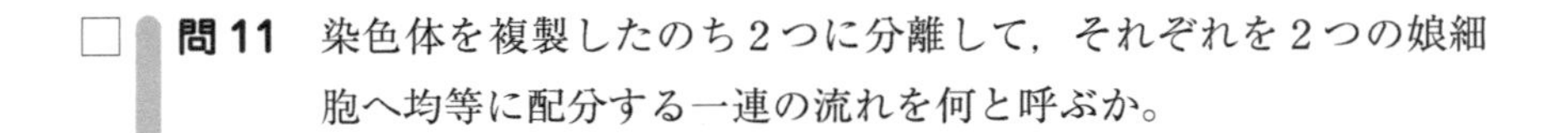

□ **問 11**　染色体を複製したのち２つに分離して，それぞれを２つの娘細胞へ均等に配分する一連の流れを何と呼ぶか。

□ **問 12**　核膜周辺でクロマチンが凝縮して濃く見える部分と，薄く見える部分をそれぞれ何と呼ぶか。

□ **発展**　ルビンシュタイン・テイビ症候群は，主に記憶・学習障害を伴う先天異常症候群であり，全身のさまざまな臓器に合併症を呈することもある。この疾患では，ヒストンをアセチル化する機能を持ったタンパク質である，ヒストンアセチル基転移酵素（HAT : histone acetyltransferase）をコードする遺伝子に変異があることで起こると考えられている。なぜ，HAT をコードする遺伝子に変異があると，このような症状が起きるのだろうか。

解　答

問 1　セントラルドグマ
問 2　常染色体：44 本，性染色体：２本
問 3　セントロメア，テロメア
問 4　ヒストンタンパク質
問 5　RNA ポリメラーゼⅡ
問 6　プロモーター
問 7　プロセッシング
問 8　情報を持つ塩基配列：エキソン　情報を持たない塩基配列：イントロン
問 9　tRNA
問 10　ユビキチン
問 11　細胞周期
問 12　ヘテロクロマチン，ユークロマチン
発展　HAT をコードする遺伝子に変異があることで，ヒストンをアセチル化する機能が低下するため，さまざまな遺伝子の転写・翻訳が行われない状態になると考えられる。そして，翻訳抑制された遺伝子の中に記憶や学習に関係する遺伝子が存在するのではないかと考えられている。

Chapter 4
生体膜と輸送

細胞は，細胞膜が内部と外部を隔てることでできています。しかし，この生体膜は，単なる区画のための「壁」ではありません。生体膜上では，情報のやりとりや物質のやりとりといった，細胞の生命活動にとって極めて重要な機能を果たしています。このChapterでは，生体膜の構造や機能，タンパク質がどのように輸送されるのかについて学びます。

Stage 21 生体膜の性質

膜タンパク質が組み込まれた流動性のある脂質二重膜

生体膜は，細胞質を細胞の外の環境とは異なる状態に保つという重要な役割を果たしています。真核細胞の場合，細胞質内に存在する小胞体，ゴルジ体，ミトコンドリアなどの細胞小器官にも生体膜があります。これらの細胞小器官の膜も，細胞小器官と細胞質とを隔てて，細胞小器官の機能や特徴を保つために用いられます。

生体膜は，脂質とタンパク質が非共有結合して集合した，極めて薄い構造をしています。また，生体膜を形成する脂質分子は，厚さ6～10 nmの二重層を形成します（図21.1）。この脂質二重層が生体膜の基本構造であり，ほとんどの水溶性分子を透過させない障壁となっています。さらに，生体膜には流動性があるという特徴もあります。つまり生体膜を構成する分子の大半は，膜の平面上を移動しているのです。

生体膜に大量に含まれる脂質は，リン脂質です。リン脂質の1分子は，親水性の頭部1つと疎水性の炭化水素鎖の尾部2つからなります。この尾部は脂肪酸からできていて，リン脂質の種類によってその長さや二重結合の位置が異なります。では，リン脂質の種類の違いは，生体膜の機能にどのような性質をもたらすのでしょうか。

リン脂質の尾部は，二重結合を1つから数個含む不飽和脂肪酸か，1つまたはまったく二重結合を含まない飽和脂肪酸からできています。尾部に飽和脂肪酸が結合したリン脂質は，結晶状態から液晶状態へと転移する温度が高いため，非常に硬い，流動性の低い膜になります。一方，不飽和脂肪酸が結合したリン脂質は，相転移温度が下がるた

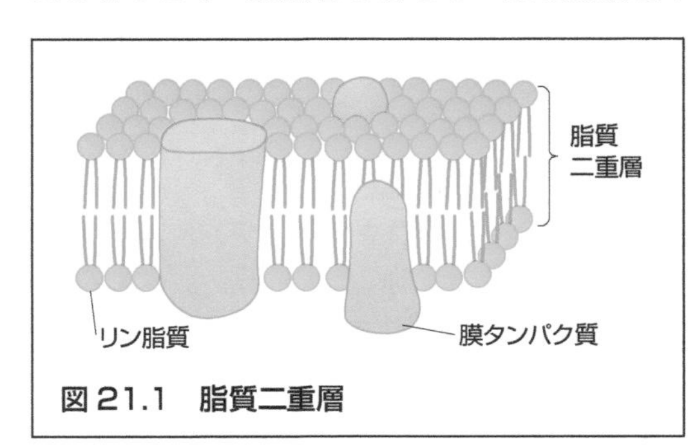

図 21.1　脂質二重層

め，流動性の高い膜になります。このように，生体膜に含まれるリン脂質中の脂肪酸の尾部の長さや飽和度が，膜の流動性に大きく影響を与えます。

細胞は，細胞外からさまざまな情報や物質を受け取る必要があります。そこで，生体膜には**膜タンパク質**が埋め込まれています。膜タンパク質には，脂質二重層を通してイオンや栄養素などの物質を細胞内に取り入れるための機能を持つものや，ホルモンなどの細胞外の情報を受け取るための機能を持つものがあります。

膜タンパク質の多くは脂質二重層を貫通していて，膜タンパク質の一部分が膜の両側に出ています（図 21.2 の①，②）。このようなタンパク質は**膜貫通タンパク質**と呼ばれ，物質が細胞膜を通過するための孔（**ポア**）を形成したり，外界からの情報を細胞内へ伝達したりします。

ほかにも，脂質二重層の細胞内側の層に結合しているものもあります（図 21.2 の③）。さらに，脂質二重層内には挿入されず，別の膜タンパク質と非共有結合して生体膜に結合するタンパク質もあります（図 21.2 の④）。このようなタンパク質は**表在性膜タンパク質**と呼ばれます。表在性膜タンパク質の中には，薄い細胞膜を物理的に補強し，膜貫通タンパク質を細胞膜の特定の領域に固定するいかりとして機能するものもあります。

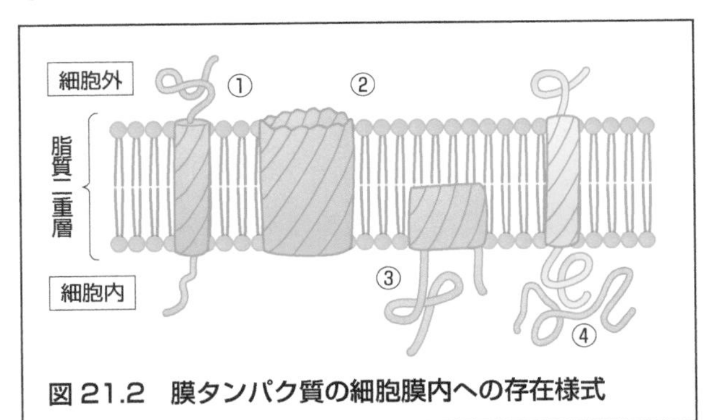

図 21.2　膜タンパク質の細胞膜内への存在様式

POINT 21

- 細胞や細胞小器官は，外部の環境と内部を隔てるために生体膜を持つ。生体膜はリン脂質からなる。
- 生体膜は流動性を持つ。流動性は，生体膜に含まれる脂肪の飽和度によって変化する。
- 生体膜には膜タンパク質が組み込まれており，物質の取り入れや細胞外の情報の受け取り，膜強度の補強などに重要な役割を果たす。

Stage 22 膜貫通タンパク質による膜輸送

膜を通過させるしくみ

細胞膜の脂質二重層の内部は疎水性であるため，イオン，糖，アミノ酸，核酸，細胞の代謝産物などの極性が高い分子は通過することができません。この脂質二重層の障壁のおかげで，生体膜の内部は外とは異なる濃度でさまざまな物質を蓄えることができます。しかし，細胞が活動するためには，脂質二重層の障壁を乗り越えて必要な栄養分を取り込んだり，不要な物質を細胞外へ排出したり，細胞内のイオン濃度を調節したりする必要があります。このように，細胞膜を通過して特定の極性分子やイオンを輸送する役割を担う膜貫通タンパク質を，**膜輸送タンパク質**と呼びます。

シスチンというアミノ酸は，SLC3A1 や SLC7A9 と呼ばれる膜輸送タンパク質によって尿や腸から取り込まれて血液中に運ばれます。もしこれらの膜輸送タンパク質に異常があると，尿中にシスチンが蓄積してしまい，腎臓に結石ができやすくなるシスチン尿症を発症します。このように，膜輸送タンパク質は特定の物質を輸送するために必要不可欠です。

膜貫通タンパク質は，多くの場合，脂質と親和性が高いαヘリックス構造を分子中に多く形成することで，脂質二重層を貫通します。このような膜貫通タンパク質が持つ脂質と親和性が高い領域を，**膜貫通ドメイン**と呼びます。膜貫通ドメイン以外の親水性の高い領域は，細胞膜の両側に露出します。また，βシートを樽（バレル）状にして，丸まったβバレル構造をとり，膜貫通ドメインを形成するタンパク質もあります。

膜貫通タンパク質は，細胞膜の貫通回数などの形態によって 4 種類に分類され，それぞれ**I 型**，**II 型**，**III 型**，**IV 型**と呼ばれます。それぞれの膜貫通タンパク質の例や違いを，表 22 にまとめました。

各膜貫通タンパク質のうち，IV 型に属する **G タンパク質共役型受容体**（**GPCR**：G protein-coupled receptor）は特に重要です。GPCR は，細胞膜を 7 回貫通するタンパク質ファミリーであり，細胞外からのさまざまなシグナル（神経伝達物質，ホルモン，化学物質，光，においなど）を受容して，細胞外シグナルを細胞内へと伝達する役割を持ちます。また，Stage 23 で登場するグルコース輸送体やイオンチャネルなどもこのⅣ型に属しており，膜輸送タンパク質とも呼ばれます（図 22）。これらの多種多様な膜貫通タンパク質のおかげで，細胞はさまざまな機能を発揮することができるのです。

表 22　膜貫通タンパク質の種類

タイプ	貫通	特徴
I 型	1 回	N 末端が細胞外に存在。インスリン受容体や成長ホルモン受容体など。
II 型	1 回	N 末端が細胞質内に存在。細胞内に鉄を輸送するトランスフェリン受容体など。
III 型	1 回	細胞外にほとんどペプチド鎖を露出しない。肝臓で解毒を行うシトクロム P450 など。
IV 型	複数回	膜貫通部分に親水性の領域を持ち，クラスター化してチャネルやトランスポーターを形成。G タンパク質共役型受容体（GPCR）など。

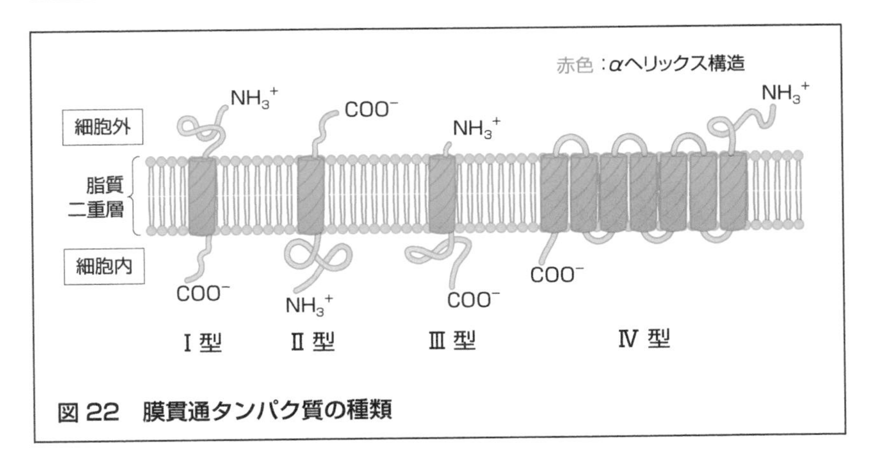

図 22　膜貫通タンパク質の種類

POINT 22

◆ 細胞膜を通過して特定の極性分子やイオンを輸送する役割を担う膜貫通タンパク質を，膜輸送タンパク質と呼ぶ。膜輸送タンパク質は膜貫通ドメインによって脂質二重層を貫通する。
◆ 膜貫通タンパク質のうち，IV 型に属する GPCR は細胞外からのさまざまなシグナルを細胞内へ伝達する重要な役割を持つ。

Stage 23 膜輸送の種類

エネルギーを消費する輸送としない輸送

膜輸送タンパク質には，主に**輸送体**と**チャネル**の2つがあります。細胞は，これら2つのタンパク質によって，細胞膜を横切って必要な物質を取り込んだり，物質を細胞外へ排出したりすることが可能になります。また，こうした細胞内外のやりとりの形式には，ATPによるエネルギーを消費しない**受動輸送**と，消費する**能動輸送**とがあります（図23）。

受動輸送では，主に濃度勾配を利用して物質が運ばれます。例えば二酸化炭素や一酸化窒素といったガスや，アルコール，脂質，ステロイドなどの脂溶性分子は，脂質二重層に遮られずに通過できます。そのため，細胞膜の内外でこれら分子に濃度差がある場合は，濃度の高い方から低い方へと濃度勾配に従って拡散し，そのまま細胞膜を通過します。このような受動輸送は**単純拡散**と呼ばれます。

Na^+やK^+などの多くの親水性分子の場合，細胞膜を直接通過することはできませんが，細胞膜内には分子を選択的に透過させるタンパク質複合体の**チャネル**や**ポア**が存在します。チャネルは膜電位の変化や分子の結合の有無によって開閉し，特定のイオンを透過させます。また，水分子を選択的に透過する**水チャネル（アクアポリン）**も存在します。アクアポリンは，尿の再吸収や濃縮，脳脊髄液などの体液産生，皮膚の保湿など，体内のあらゆる水分調節に関係します。チャネルやポアを介した輸送も単純拡散であり，エネルギーを必要とせず，濃度勾配に従って行われます。

単純拡散に対して，**トランスポーター**などの輸送体が特定の物質と一度結合することで，選択的に細胞膜を通過させる輸送方式を**促進拡散**といいます。輸送体による輸送も濃度勾配に従って行われ，エネルギーを必要としません。例えば，細胞のエネルギー源であるグルコースは，細胞膜上のグルコーストランスポーターによって選択的に細胞内へ輸送されます。

単純拡散，促進拡散といった濃度勾配に従う受動輸送とは対照的に，濃度勾配に逆らった選択的な膜輸送が能動輸送です。能動輸送には，ATP

などのエネルギーを直接消費して膜輸送を行う**一次性能動輸送**と，一次性能動輸送によって生じた細胞内外のイオン濃度の偏りの電気化学的なポテンシャルを利用して膜輸送を行う**二次性能動輸送**があります。一次性能動輸送を行うタンパク質には**Na^+/K^+-ATPアーゼ（ナトリウムポンプ）**があります。Na^+/K^+-ATPアーゼは，ATPのエネルギーを消費して，Na^+を細胞外，K^+を細胞内へ，濃度勾配にかかわらず輸送します。これにより，神経細胞や内分泌細胞の興奮を調節します。

二次性能動輸送には，小腸や腎臓などに存在する**ナトリウム/グルコース共輸送体（SGLT**：sodium glucose co-transporter）が挙げられます。SGLTは，細胞外の高いNa^+濃度を利用して，Na^+を細胞内へ受動輸送するのと同時に，細胞外のグルコースを濃度勾配にかかわらず細胞内へと輸送します。このように，同じ方向へ2種の分子を輸送するものを**共輸送（シンポート）**と呼びます。一方で，細胞膜の内外で分子を交換するように輸送する**対向輸送（アンチポート）**や，1種類の分子のみを輸送する**単輸送（ユニポート）**もあります。

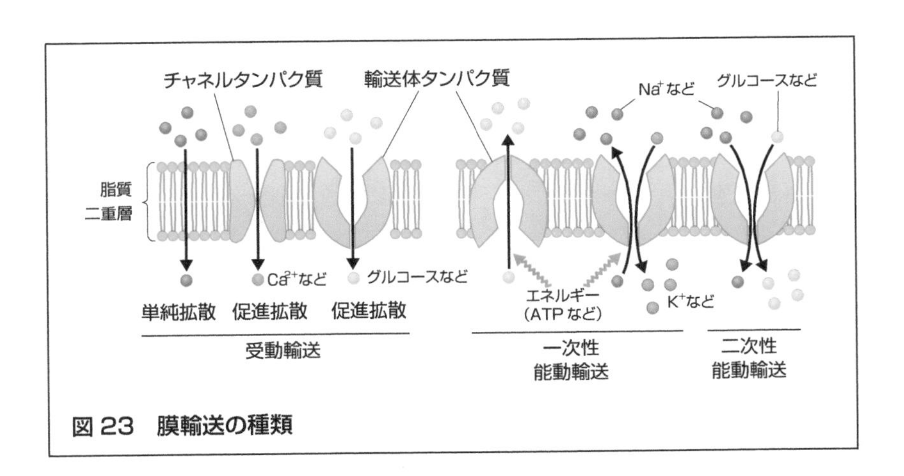

図23　膜輸送の種類

POINT 23

◆ 膜輸送タンパク質には輸送体とチャネルの2つがある。輸送には，エネルギーを消費しない受動輸送と，消費する能動輸送がある。

Stage 24 シグナル配列

輸送先が記載された荷札

会社などの組織を効率よく運営するために重要なのは，適材適所の人材配置を実現することですが，それは真核細胞でも同じことです。真核細胞の細胞内には，生体膜で隔てられた細胞小器官が存在します。これらの細胞小器官が正しく機能するためには，リボソームで合成されたタンパク質をそれぞれの能力を活かすことのできる「場所」に配置して，「機能」させなければなりません。しかし，タンパク質は人間と違って，機能する場所まで運ぶ必要があります。また，運ぶためには細胞小器官が持つ膜を通過させる必要もあります。細胞は，タンパク質をどこへ運べばよいのか，どのように見分け，どのように運んでいるのでしょうか。

実は輸送されるタンパク質には，輸送先が書かれた荷札のような役割を果たすアミノ酸配列が存在します。この配列を**シグナル配列**と呼びます。このシグナル配列を認識する**選別受容体**がタンパク質を受け取る細胞小器官の膜上に存在することで，合成されたタンパク質を正しい細胞小器官へと輸送します。ちなみに，細胞質内で機能するタンパク質にはシグナル配列が存在せず，合成後そのまま細胞質基質に留まります。

続いて，合成されたタンパク質がどのように各細胞小器官に輸送されるのか，順を追って見ていきましょう。真核細胞のタンパク質合成は，細胞質内に遊離した状態で存在する**遊離ポリソーム**と，小胞体膜上に結合した**膜結合ポリソーム**で行われます。このとき，すべてのタンパク質は，まず遊離ポリソームで合成が開始されます。そしてある程度まで翻訳が進むと，合成中のタンパク質のN末端付近にシグナル配列が現れます。特に，小胞体，ゴルジ体，エンドソーム，リソソームに運ばれるタンパク質，細胞膜に輸送されるタンパク質，そして細胞外に分泌されるタンパク質は，小胞体を経由して細胞各所に運ばれるため，**小胞体シグナルペプチド**を持ちます。小胞体シグナルペプチドは13～36アミノ酸残基からなり，その中心にαヘリックス構造による疎水性の領域が存在します。小胞体シグナル配列を持つタンパク質は，遊離ポリソームでの合成中に，この疎水性の領域によって小胞体膜上へ結合し，膜結合ポリソームとなって，タンパク質の合成を続けます。このような膜結合ポリソームが存在する小胞体こそ，粗面小胞体の正体です。膜結合ポリソームが合成したタンパク質は，小胞体膜上に存在する専用のチャネルを通過して，小胞体へと輸送されていき，やがて細胞の各所に運ばれていきます（図 24）。

一方で，核やミトコンドリア，葉緑体などへ輸送されるタンパク質や，細胞小器官ではなく細胞質内で機能するタンパク質は，小胞体を経由する輸送経路をとらず，遊離ポリソームで合成が続けられます。そして，合成されたタンパク質は，細胞質内を拡散して，各細胞小器官へと移動します。このように，合成されたタンパク質は，まずは小胞体を経由するかどうかで輸送経路が分かれるのです。

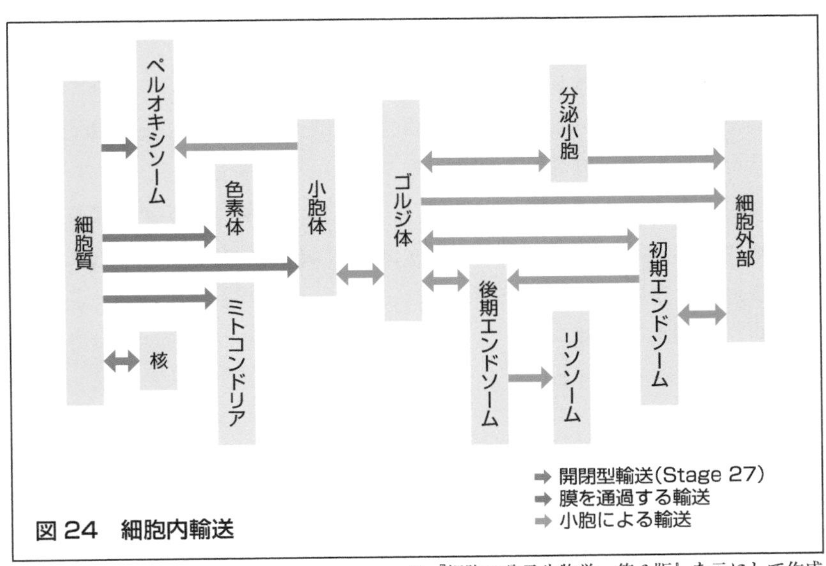

図 24　細胞内輸送

※『細胞の分子生物学　第 6 版』を元にして作成

POINT 24

- 合成されたタンパク質は，輸送先が書かれた荷札のような役割のアミノ酸配列である，シグナル配列を持つ。
- 小胞体，ゴルジ体，エンドソーム，リソソーム，細胞膜，細胞外に輸送されるタンパク質は小胞体を経由するために，小胞体シグナルペプチドを持つ。

Stage 25 小胞体を経由する輸送

細胞内のコンテナ輸送

小胞体シグナルペプチドを持つタンパク質は，遊離ポリソームでの合成中に小胞体膜上へ結合し，膜結合ポリソームとなります。このとき，小胞体シグナルペプチドを識別してリボソームを小胞体膜上に結合させるのが，**シグナル認識粒子**（**SRP**：signal recognition particle）です。小胞体膜上には，SRPに特異的に結合する**SRP受容体**が存在します。つまり，小胞体シグナル配列を持つタンパク質を翻訳しているリボソームは，SRPおよびSRP受容体を介して小胞体膜上に結合するのです。そして，小胞体膜上でリボソームが合成したポリペプチドは，小胞体膜上に存在する**トランスロコン**と呼ばれるチャネルに挿入されます。トランスロコンは，翻訳されたタンパク質が細胞外へ分泌されるタンパク質であるか，細胞膜上ではたらく膜貫通タンパク質かを認識する役割を持ちます。

タンパク質が細胞外へ分泌されるものであった場合，トランスロコンは，結合しているタンパク質の小胞体シグナル配列の部分を切断して，小胞体の内腔に遊離させます（図25.1）。一方，細胞膜上ではたらく膜貫通タンパク質であった場合は，トランスロコンは膜貫通領域のαヘリックス構造の領域をシグナル停止配列として認識します。

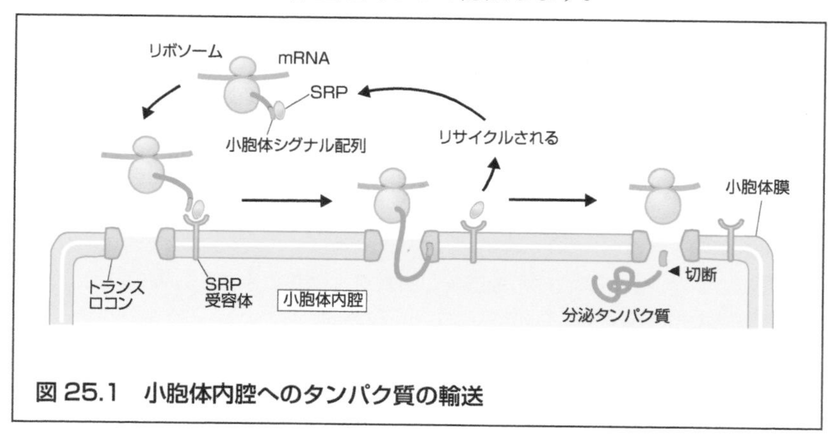

図25.1　小胞体内腔へのタンパク質の輸送

小胞体内腔へ輸送されるタンパク質のうち，小胞体が最終的な目的地ではないタンパク質の場合は，**小胞輸送**によって，小胞体からゴルジ体へと輸送されます。この輸送のシステムは，人間の社会におけるトラックのコンテナ輸送にもたとえることができます。同じ目的地に運ぶタンパク質は，同じトラックのコンテナ，つまり生体膜で形成された直径50～150 nmほどの**輸送小胞**に詰め込むのです。細胞小器官や細胞膜の生体膜からくびれて出てきた（**出芽**）輸送小胞は，目的の細胞小器官や細胞膜と**融合**して，中身の荷物を放出します。

小胞体から出芽した輸送小胞は，膜ごとゴルジ体と融合し，輸送小胞の中身であるタンパク質をゴルジ体の中へと輸送します。送り込まれたタンパク質は，ゴルジ体を通過する過程で糖が付加（**糖鎖付加**）されます。この糖鎖付加に必要な酵素は，ゴルジ扁平嚢にタンパク質を加工する順番に存在しています。完成した糖タンパク質は選別され，再び膜に包まれた輸送小胞として，各細胞小器官に送り出されたり，細胞外へ分泌されたりします（図25.2）。

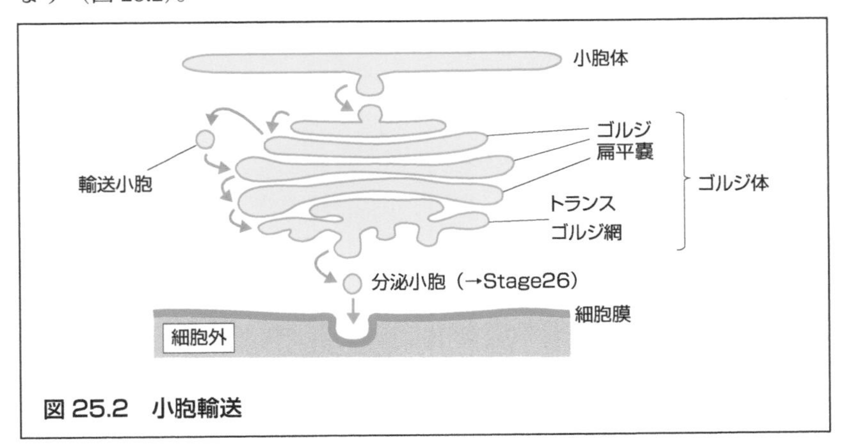

図25.2　小胞輸送

POINT 25

- 小胞体内に輸送されるタンパク質は，リボソームでの合成中にシグナル認識粒子（SRP）およびSRP受容体を介して小胞体と結合し，トランスロコンを通って小胞体内腔に運ばれる。
- 小胞体が最終的な目的地ではないタンパク質は，小胞輸送によってゴルジ体に輸送され，糖鎖付加を受ける。

Stage 26 細胞内輸送

目的地にタンパク質を運ぶしくみ

輸送小胞は，3つの経路で輸送先へ運ばれます。1つ目は，エンドソーム（→ Stage 28）を経てリソソーム（植物では液胞）に輸送される経路です。2つ目は，細胞外へとタンパク質を分泌する経路です。**分泌小胞**という，ホルモンなどのタンパク質を含んだ小胞が，細胞外からの刺激に応じて細胞膜と融合し，内部に貯蔵したタンパク質を細胞外へ分泌します。刺激に応じて分泌する形式を**調節性分泌**と呼びます。3つ目は，成長因子や細胞膜上のタンパク質など，細胞の構造や機能の維持に必要なタンパク質を分泌する**構成性分泌**です。ちなみに，受容体のように細胞膜に埋め込まれる膜タンパク質は，分泌小胞の膜に膜タンパク質を埋め込んだまま細胞膜と融合し，分泌小胞の内側が細胞膜の外側となることによって，細胞膜に埋め込まれます。このように，細胞は，細胞内で合成したタンパク質を細胞外へ分泌します。これを**エキソサイトーシス**（**開口分泌**）と呼びます（図 26）。

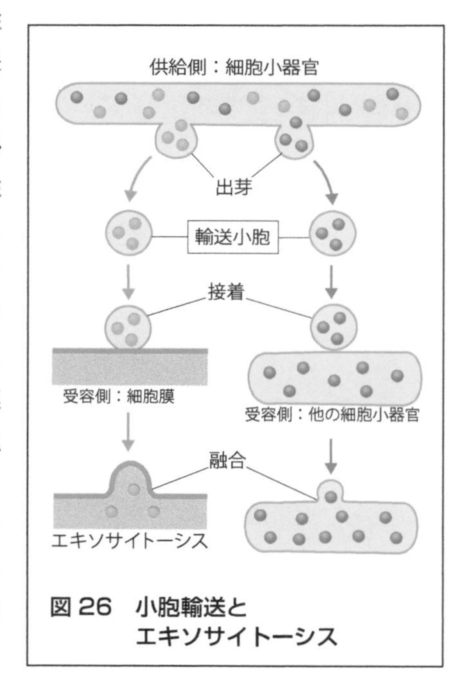

図 26 小胞輸送とエキソサイトーシス

POINT 26

◆ ゴルジ体から輸送されるタンパク質の経路は主に３つ：①エンドソームを経てリソソームへ，②分泌小胞に蓄えられて細胞外へ，③分泌小胞の膜に埋め込まれて細胞膜上へ

column

オートファジー

異常に凝縮したタンパク質や損傷を受けたミトコンドリアなど，細胞内の不要となった分子や異常な物質を分解するしくみが細胞にはあります。このしくみを真核細胞では**オートファジー**（**自食作用**）と呼びます（細胞質の成分をリソソームへ輸送して分解するため，**オートファジー・リソソーム系**とも呼ばれます）。

まず，細胞内に**隔離膜**と呼ばれる膜が出現します。この隔離膜が分解する細胞質の物質を取り囲み，二重膜の**オートファゴソーム**と呼ばれる小胞で包みます。その後，オートファゴソームがリソソームと融合し，オートファゴソーム内の細胞質由来の物質をリソソーム由来の酵素によって分解します。この過程により産生されるアミノ酸などの分解産物は，タンパク質合成などに再利用されます。

オートファジーは，細胞質の異常な物質や不要な物質を分解するだけではなく，細胞が飢餓状態に陥った際にも活発になります。これは，細胞外からエネルギーを得られなくなった場合，自身の余分な細胞小器官や細胞質の物質をランダムに分解し，必要なエネルギーを産生するための機能と考えられています。近年ではランダムではなく，ミトコンドリアやペルオキシソームなどの細胞小器官を分解（マイトファジー，ペキソファジー）したり，細胞内に侵入した細菌を選択的に分解（ゼノファジー）したりすることも明らかになってきています。

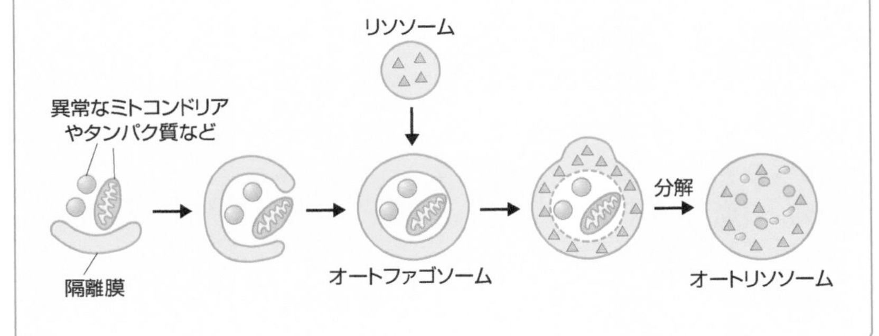

Stage 27 核・ミトコンドリア・葉緑体への輸送

特殊な細胞内輸送

核への輸送

核内では遺伝子の転写やDNAの複製が行われますが，これらを行うためには，必要なタンパク質を細胞質から核内へと輸送する必要があります。逆に，核内で転写されたRNAの多くは，核内から細胞質へと輸送されます。こうした細胞質と核の間の物質輸送は，核膜に存在する**核膜孔複合体**と呼ばれるゲートを介して行われます。核膜孔複合体の中央には小さな孔があり，小さなタンパク質であれば単純拡散によって受動的に通過させますが，大きいタンパク質の場合は，エネルギーを用いた能動輸送によって運び込みます。このような輸送のしくみを**開閉型輸送**といいます。

細胞質から核へと輸送されるタンパク質は，核へ移行するためシグナル配列である，**核移行シグナル（NLS**：nuclear localization signal）を持ちます。輸送されるタンパク質のNLSは，細胞質で**インポーチン**という輸送タンパク質に認識され，結合し，核膜孔複合体を通過します。一方で，核から細胞質へ輸送されるタンパク質は**核外移行シグナル（NES**：nuclear export signal）を持ちます。NESを持つタンパク質は核内で**エキスポーチン**という別の輸送タンパク質に認識されて，結合したあと，核膜孔複合体を通過します。

ミトコンドリア・葉緑体への輸送

ミトコンドリアと葉緑体はATPを合成する細胞小器官で，内膜と外膜の二重の膜に囲まれています。どちらもゲノムを保有しているため，自身で用いるタンパク質の一部を合成していますが，ほとんどのタンパク質は細胞質で合成されるため，二重膜を通過して輸送しなければなりません。

ミトコンドリアに輸送されるタンパク質は，そのことを示すシグナル配列を持ちます。ミトコンドリアへの輸送の特徴は，タンパク質の立体構造がほどかれて膜内に運び込まれるという点です。この機能を果たすのが，ミトコンドリアの膜に存在する**タンパク質転送装置**です。タンパク質転送装置は，シグナル配列を認識するタンパク質と**TOM 複合体**を形成しています。タンパク質は，このTOM 複合体によって認識され，ほどかれて外膜内へと運び込まれます。また，内膜には**TIM 複合体**が存在しており，TOM 複合体とTIM 複合体が結合したときに，タンパク質が外膜と内膜の両方の孔を通過できるようになって，中に運ばれます（図 27）。

葉緑体へのタンパク質の輸送は，基本的にミトコンドリアと同様のしくみで行われています。ただし，葉緑体には膜を持つチラコイドという器官があるため，チラコイドへ輸送されるタンパク質には，葉緑体のシグナル配列の後ろにチラコイドへ輸送するためのシグナル配列が存在します。

ミトコンドリアと葉緑体は，それぞれ好気性細菌と光合成細菌が真核細胞の祖先に細胞内共生して進化したと考えられています（P.90 コラム参照）。そのため，このようなタンパク質転送装置が必要なのです。

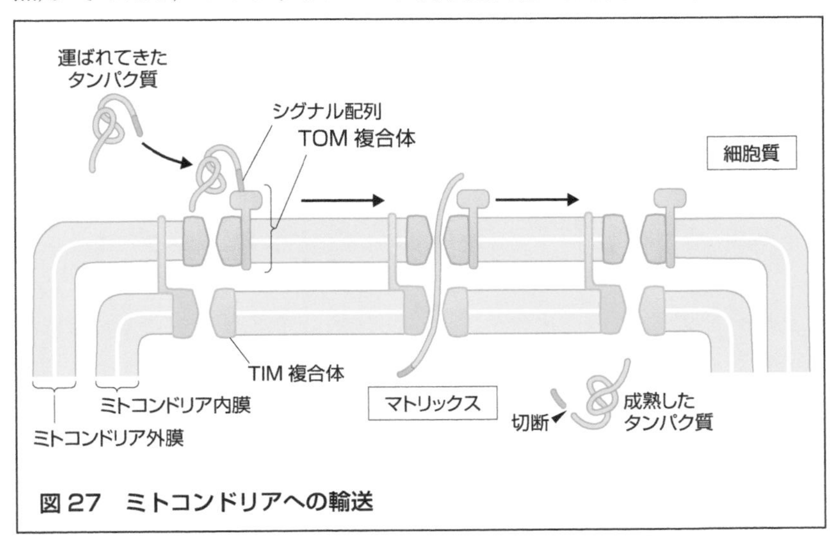

図 27　ミトコンドリアへの輸送

POINT 27

- ◆核への輸送は，核膜孔複合体による開閉型輸送で行われる。
- ◆ミトコンドリアや葉緑体に運ばれるタンパク質は，タンパク質転送装置によって立体構造をほどかれて輸送される。

Stage 28 エンドサイトーシス

細胞外のタンパク質を取り込む

細胞は，機能を維持するために必要な栄養を外部から取り込む必要があります。単糖やアミノ酸のような低分子物質は，細胞膜上のチャネルやトランスポーターを介して取り込みますが，時には巨大な分子を取り込まなければならない場合もあります。このような細胞外からの取り込みの過程が**エンドサイトーシス**です。

エンドサイトーシスは，取り込んだものの種類によって，可溶化成分を小胞に包んで取り込む**ピノサイトーシス（飲作用）**と，微生物などの固形物を貪食する**ファゴサイトーシス（食作用）**に分類されます。

ピノサイトーシスによって細胞内に取り込まれた小胞は，**エンドソーム**と呼ばれる構造を形成します。エンドソームとは，物質の含まれた小胞同士が融合してできた脂質二重膜からなる小胞であり，物質の選別，分解，再利用を調節する細胞小器官です。可溶化成分を取り込んだ小胞がエンドソームを形成すると，ゴルジ体から酸性加水分解酵素が輸送されて，エンドソームはリソソームへと成熟します（植物の場合は**液胞**）。酵素によりリソソーム内部の可溶化成分が加水分解されると，細胞にとって利用可能な物質が取り出されます。ファゴサイトーシスにおいても，微生物などの異物を取り込んだ**ファゴソーム**にゴルジ体から酸性加水分解酵素が輸送され，リソソームへと成熟し，異物が分解されます（図 28）。

エンドソームは，その形態と機能の特徴から，**初期エンドソーム**，**後期エンドソーム**，**リサイクリングエンドソーム**の 3 つに分類することができます。細胞外から取り込まれたさまざまな物質は，まず細胞膜の近傍に存在する初期エンドソームに輸送されます。ここで，分解される物質は分解経路へと向かいますが，細胞膜で再度利用される物質はリサイクリング経路に向かいます。しかし，どのようなしくみで分解する物質とリサイクリングする物質を選別しているのかは，未だに明らかになっていません。

初期エンドソームは，ゴルジ体の方向に移動するにしたがって，内部に多数の小胞を含むようになります。初期エンドソームの膜上には H^+ ポンプが存在しており，その作用によってエンドソーム内部の pH が低下して，酸性化した後期エンドソームへと成熟します。その後，酸性加水分解酵素を含むリソソームと融合することで内容物が分解されます。

一方で，エンドサイトーシスした物質を再び細胞膜方向に輸送する細胞小器官がリサイクリングエンドソームです。リサイクリング経路に選別された物質は，初期エンドソームからリサイクリングエンドソームへと輸送されたあと，再び細胞膜に輸送され，再利用されます。リサイクリングエンドソームは，細胞内の微小管が集まる場所である，微小管形成中心を取り囲んでいます。これは，あらゆる方向から細胞内に取り込んだ物質を，別の方向へと戻すためだと考えられています。

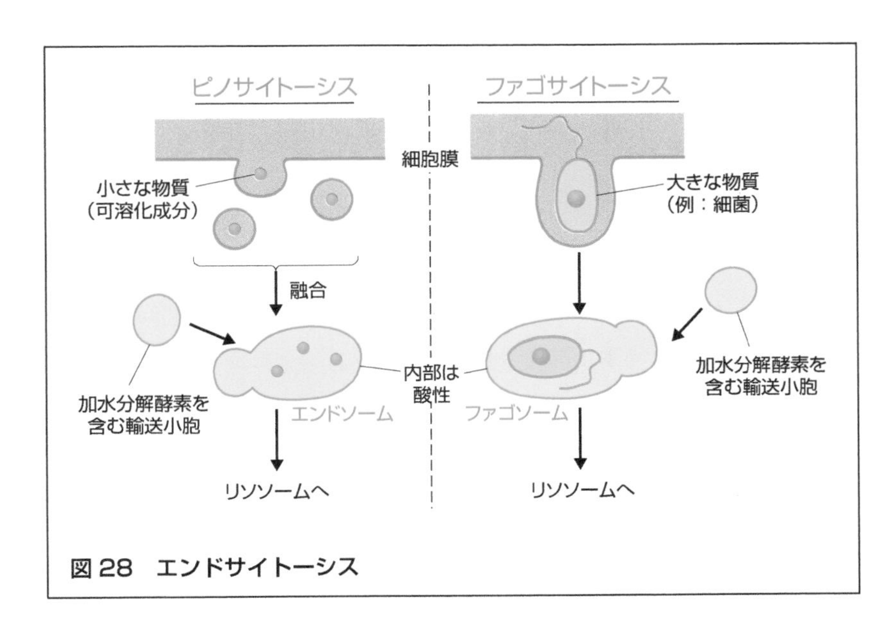

図 28　エンドサイトーシス

POINT 28

◆ エンドサイトーシスは，ピノサイトーシス（飲作用）とファゴサイトーシス（食作用）に大別される。
◆ 細胞外から運ばれた分解される物質は，エンドソームに輸送される。エンドソームはリソソームと融合して内容物を分解する。

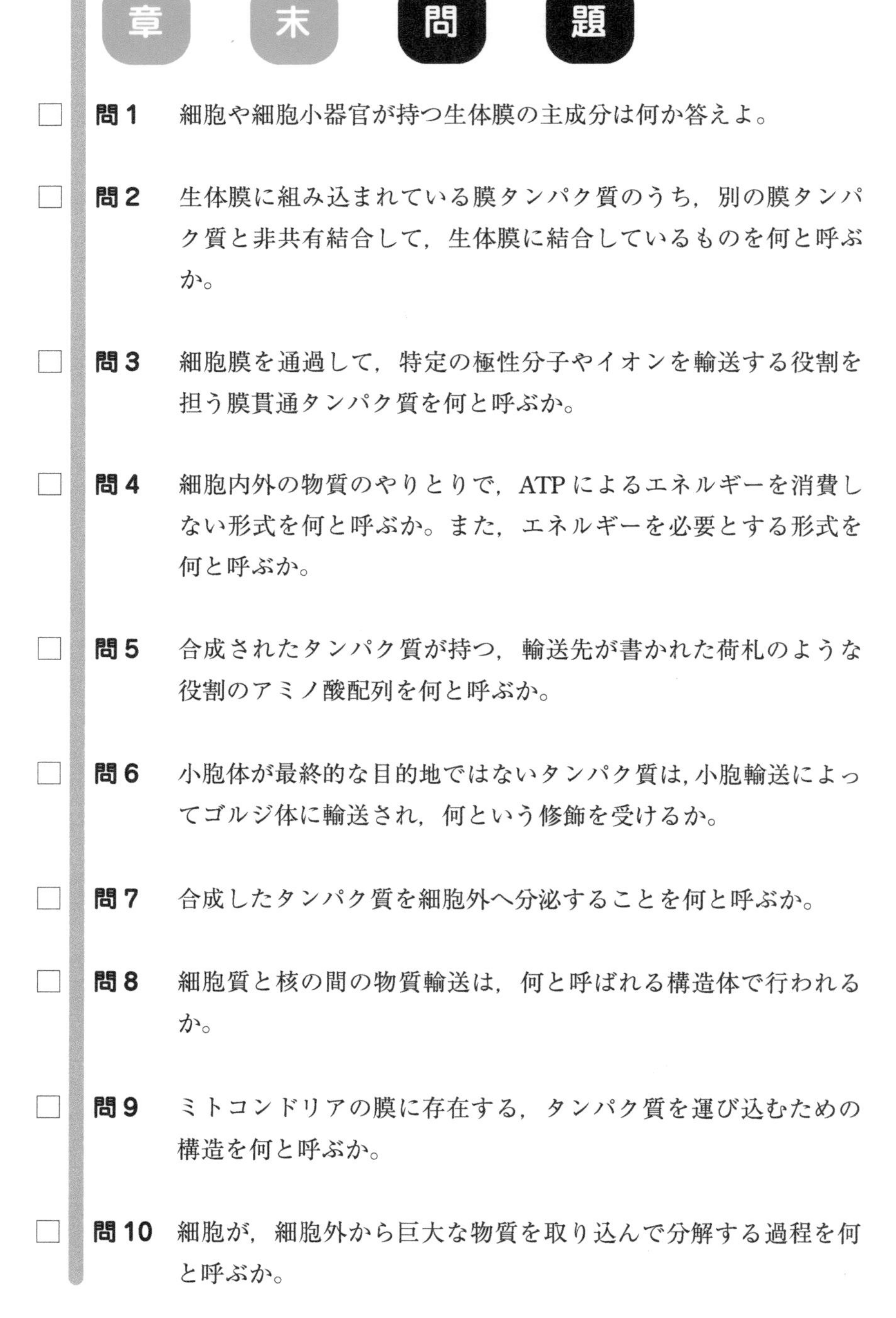

章末問題

□ **問1** 細胞や細胞小器官が持つ生体膜の主成分は何か答えよ。

□ **問2** 生体膜に組み込まれている膜タンパク質のうち，別の膜タンパク質と非共有結合して，生体膜に結合しているものを何と呼ぶか。

□ **問3** 細胞膜を通過して，特定の極性分子やイオンを輸送する役割を担う膜貫通タンパク質を何と呼ぶか。

□ **問4** 細胞内外の物質のやりとりで，ATPによるエネルギーを消費しない形式を何と呼ぶか。また，エネルギーを必要とする形式を何と呼ぶか。

□ **問5** 合成されたタンパク質が持つ，輸送先が書かれた荷札のような役割のアミノ酸配列を何と呼ぶか。

□ **問6** 小胞体が最終的な目的地ではないタンパク質は，小胞輸送によってゴルジ体に輸送され，何という修飾を受けるか。

□ **問7** 合成したタンパク質を細胞外へ分泌することを何と呼ぶか。

□ **問8** 細胞質と核の間の物質輸送は，何と呼ばれる構造体で行われるか。

□ **問9** ミトコンドリアの膜に存在する，タンパク質を運び込むための構造を何と呼ぶか。

□ **問10** 細胞が，細胞外から巨大な物質を取り込んで分解する過程を何と呼ぶか。

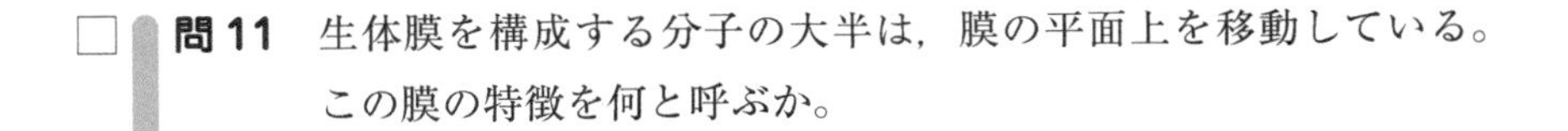

□ **問 11** 生体膜を構成する分子の大半は，膜の平面上を移動している。この膜の特徴を何と呼ぶか。

□ **問 12** リボソームを小胞体膜上に結合させる分子を何と呼ぶか。

□ **発展** TrkA（Tropomyosin receptor kinase A）は，細胞膜上に存在する膜貫通タンパク質である。TrkA が神経成長因子と呼ばれる物質を受容すると，その情報は細胞の内部へ伝達され，神経細胞への分化や生存が調節される。しかし，TrkA は常に細胞表面に存在するのではなく，適時エンドサイトーシスされて細胞内で分解される。この現象は神経細胞への適切な分化のために重要だと考えられるが，なぜ重要なのか説明せよ。

解　答

問 1　リン脂質
問 2　表在性膜タンパク質
問 3　膜輸送タンパク質
問 4　消費しない形式：受動輸送　消費する形式：能動輸送
問 5　シグナル配列
問 6　糖鎖付加
問 7　エキソサイトーシス
問 8　核膜孔複合体
問 9　タンパク質転送装置
問 10　エンドサイトーシス
問 11　流動性
問 12　シグナル認識粒子（SRP）
発展　TrkA が細胞表面に存在し続けると，神経細胞の分化が過度に進んでしまうため。適切な分化のために，TrkA がエンドサイトーシスを受けて分解されることが必要である。

- □ エネルギー変換と解糖系
- □ ミトコンドリアとクエン酸回路
- □ ミトコンドリアの電子伝達系①
- □ ミトコンドリアの電子伝達系②
- □ 葉緑体のエネルギー産生①
- □ 葉緑体のエネルギー産生②
- □ 章末問題

Chapter 5
エネルギーを得るしくみ

生命を維持するために必要なエネルギーの大部分は，植物などが太陽光を利用して行う光合成によって産生された糖です。動物などの生物は，この糖からエネルギーを取り出し，細胞内で利用できるエネルギー通貨であるアデノシン三リン酸（ATP）に変換するしくみ，つまり代謝を行っています。このChapterでは，エネルギー代謝がどのように行われているのかについて学びます。

Stage 29 エネルギー変換と解糖系

ATPを産生するしくみ

炭水化物であるグルコースを空気中で燃焼すると，酸素と結合（酸化）して光や熱エネルギーが放出されます。これは，グルコースに化学エネルギーが蓄えられているためです。グルコースは，多くの動物細胞においても主流のエネルギー源として利用されています。しかし，細胞がグルコースを酸化してエネルギーを取り出すときは，燃焼のように一気に酸化することはなく，酵素を用いて少しずつ段階的に分解します。この反応を**呼吸**と呼び，取り出されるエネルギーはアデノシン三リン酸（ATP）をはじめとしたエネルギーの運搬体となる物質に少しずつ渡され，化学結合のかたちで蓄えられます。

グルコースを基質とする場合，多くの生物の細胞はグルコースを最終的に水と二酸化炭素にまで分解します。この過程は酸素を必要とするので，**好気呼吸**と呼ばれます。一方で，酸素のない条件でグルコースを分解し，エネルギーを得る代謝経路も存在します。これは**嫌気呼吸**と呼ばれます。特に微生物による嫌気呼吸の例に**発酵**があります。パン作りに用いられる酵母は，嫌気条件下でグルコースを二酸化炭素とエタノールに分解してエネルギーを得ます。この場合はアルコールであるエタノールを産生しているので，特に**アルコール発酵**と呼ばれます。パンに小さな気泡がたくさんあるのは，発酵の過程で二酸化炭素の気泡を発生するためです。同様に，酢酸菌によってエタノールから酢酸をつくる**酢酸発酵**や，乳酸菌によって牛乳からヨーグルトをつくる**乳酸発酵**も嫌気呼吸の例です。

細胞では，**解糖系**，**クエン酸回路**，**電子伝達系**という3つの代謝経路を経てグルコースを分解し，主にATPのかたちでエネルギーを取り出します（図29）。解糖系は細胞質内で行われる反応ですが，クエン酸回路以降の反応は，真核細胞ではミトコンドリア内で行われます。また植物や藻類では，これらの代謝経路だけではなく，細胞内の葉緑体で光エネルギーを利用することによってもATPを産生しています。ミトコンドリアや葉緑体を持たない原核生物の場合は，ATP は細胞膜で産生されています。

グルコースが細胞に取り込まれると，まず細胞質基質に存在する酵素によって，1 分子のグルコースが 2 分子のピルビン酸へと分解されます。この過程が解糖系です。この分解には 2 分子の ATP が蓄えていたエネルギーが用いられ，代わりに 4 分子分の ATP のエネルギーが取り出されるため，差し引き 2 分子の ATP が合成されます。このような解糖系における ATP の産生を**基質レベルのリン酸化**と呼びます。また，解糖系によって 2 分子の ATP が合成される際には，2 分子の **NADH**（ニコチンアデニンジヌクレオチド，還元型）も産生されます。NADH は高いエネルギーの電子を持ち，強い還元力がある物質であるため，特にその後の電子伝達系において ATP 産生のための重要な役割を果たします。

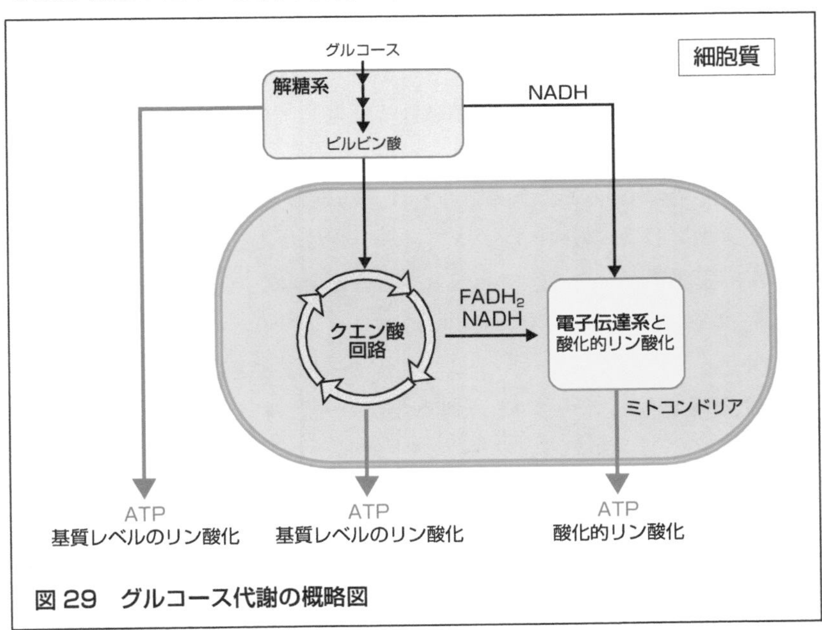

図 29　グルコース代謝の概略図

POINT 29

◆ 細胞はグルコースを段階的に分解してエネルギーを得て，ATP をはじめとしたエネルギーの運搬体に保存する。分解は解糖系，クエン酸回路，電子伝達系という 3 つの代謝経路を経て行われる。

◆ 解糖系では 1 分子のグルコースから，2 分子のピルビン酸，差し引き 2 分子の ATP，2 分子の NADH が合成される。

Stage 30 ミトコンドリアとクエン酸回路

ミトコンドリア内のエネルギー代謝

解糖系でつくられたピルビン酸は，ミトコンドリア内でクエン酸回路に入ります。クエン酸回路について学ぶ前に，まずはATP産生の場であるミトコンドリアについて説明しましょう。

ミトコンドリアの形や数は細胞の種類によって異なりますが，長さは0.5～数μm程度です。ミトコンドリアは核膜と同様に二重の生体膜を持ちます。**外膜**と呼ばれる外側の膜には，物質の透過性が高いという特徴があり，分子量が5,000以下の分子やイオンであれば自由に透過できるほどです。これは，外膜に**ポリン**と呼ばれる膜貫通タンパク質によって形成された孔があるためです。

一方で，**内膜**と呼ばれる内側の膜は，物質の透過性が低くなっています。ミトコンドリアの内膜は，**クリステ**と呼ばれるひだ状の構造をとっているため表面積が大きく，**マトリックス**と呼ばれる内側の空間に向かって陥入しています。マトリックスには，ミトコンドリア独自のDNA（**mtDNA**）やRNAポリメラーゼ，リボソームなどが存在し，独自でタンパク質合成を行っています。mtDNAがコードする遺伝子は，rRNAやtRNA，電子伝達系に関与するタンパク質が主なもので，遺伝子数は多くありません。また，外膜と内膜の間の狭い領域は**膜間腔**と呼ばれます。外膜にポリンの孔があるため，膜間腔には細胞質基質内と同様の物質が存在しています。

さて，解糖系で産生されたピルビン酸は，ミトコンドリアへ輸送されて**補酵素A（CoA）**と反応します。これによりアセチルCoAが産生される反応は，**移行反応**と呼ばれます。産生されたアセチルCoAはマトリックスへと輸送されて，クエン酸回路と呼ばれる代謝経路に移行します。クエン酸回路で次々と酵素による分解を受けると，アセチルCoAは最終的に二酸化炭素になります。この経路でもエネルギーが取り出され，ATPをはじめとしたエネルギー伝達物質の産生によって細胞内に蓄えられます。

クエン酸回路全体では，ピルビン酸1分子につき4分子のNADH，1分子の$FADH_2$（フラビンアデニンジヌクレオチド，還元型）と1分子のGTP（**グアニル三リン酸**）が産生されます。$FADH_2$はNADHと同様に高いエネルギーの電子を持ち，強い還元力がある物質です。また，GTPはATPと同様にエネルギーの運搬体としてはたらく分子です。解糖系とクエン酸回路を経て，グルコース1分子は最終的に二酸化炭素まで分解されるとともに，取り出されたエネルギーが10分子のNADH，2分子の$FADH_2$，4分子のATPに蓄えられます（図30）。クエン酸回路を経たあと，産生したNADHや$FADH_2$などの還元力を持つ物質は，電子伝達系と呼ばれる経路に移り，ここでさらにATPを産生します。

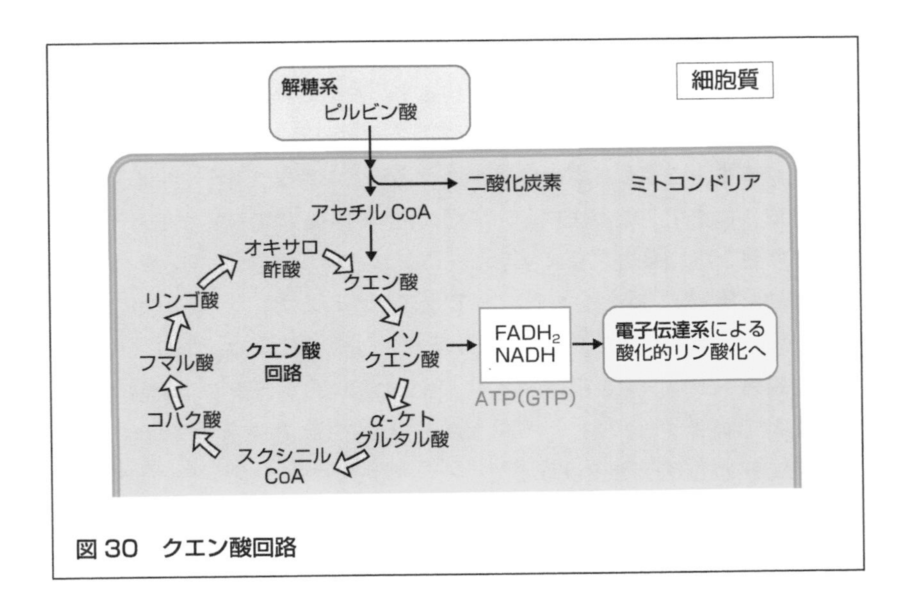

図30　クエン酸回路

POINT 30

◆ミトコンドリア内のクエン酸回路では，グルコース1分子は最終的に二酸化炭素まで分解され，取り出されたエネルギーが10分子のNADH，2分子の$FADH_2$，4分子のATPに蓄えられる。

Stage 31 ミトコンドリアの電子伝達系①

プロトン濃度勾配の形成

ミトコンドリアや葉緑体の膜には，酸化還元反応を繰り返しながら電子を次々に受け渡すことのできるタンパク質群が並んでいます。この電子伝達にかかわる分子をまとめて**電子伝達系**と呼びます。

まずは，電子伝達系の概略を説明します。電子伝達系では，はじめにNADHや$FADH_2$の持つ高エネルギーの電子が，ミトコンドリア内膜に存在する電子伝達体に与えられます。すると，この電子伝達反応の過程で電子の持っていたエネルギーが放出されます。放出されたエネルギーは，ミトコンドリア内膜の内側から外側にプロトン（H^+）を汲み上げることに用いられます。こうして膜の内外には，電気化学的なプロトンの濃度の勾配が形成されます。このプロトンが電気化学的勾配に沿ってマトリックス内へ流れ込む際に発生するエネルギーにより，アデノシン二リン酸（ADP）と無機リン酸（Pi）が結合され，ATPが産生されます。

ひとつひとつの反応を詳しく見ていきましょう。ミトコンドリアの内膜には，膜外へプロトンを汲み上げる3種類の**膜結合型呼吸酵素複合体**が埋め込まれています（図31）。まず**NADH脱水素酵素複合体**（複合体Ⅰ）は，NADHから電子を受け取ると，そのエネルギーを用いてマトリックス内のプロトン1分子を膜外へと汲み上げます。その後，電子は膜内にある**ユビキノン**（図中のQ）と呼ばれる分子に渡されます。ユビキノンはタンパク質ではなく小型の脂溶性分子で，ミトコンドリアの内膜上を素早く拡散する性質を持ちます。そのため，電子を受け取ったユビキノンは，離れた場所にある次の呼吸酵素複合体である**シトクロムb-c_1複合体**（複合体Ⅲ）まで移動し，電子を渡します。

シトクロムb-c_1複合体は，ユビキノンから電子が受け渡される際に，電子1つに対して2個のプロトンを膜間腔へと汲み上げます。続いて，電子はシトクロムb-c_1複合体から**シトクロムc**（図中のCytC）に渡されます。シトクロムcもユビキノンと同様に，ミトコンドリアの内膜上を移動して，受け取った電子を次の呼吸酵素複合体である**シトクロム酸化酵素複合体**（複合体Ⅳ）へ渡します。

シトクロム酸化酵素複合体は，シトクロムｃから電子を１つずつ受け取りますが，４つ電子を受け取ると，それらをまとめて酸素に渡してH_2Oをつくります。この酸化反応の過程で，プロトン４分子がミトコンドリアマトリックスから膜間腔へと汲み上げられます。こうして，膜の外のプロトン濃度が高くなり，勾配が生まれます。ここまでの一連の電子伝達系のことを**呼吸鎖**と呼びます。

ほとんどの細胞では，取り込んだ酸素の約90％がシトクロム酸化酵素の反応に用いられます。そのためこの複合体は，あらゆる好気性生物にとって必要不可欠です。推理小説やテレビドラマでよく登場するシアン化物（青酸カリなど）やアジ化物（アジ化ナトリウムなど）は，このシトクロム酸化酵素複合体へ強固に結合するために，強い毒性を示します。

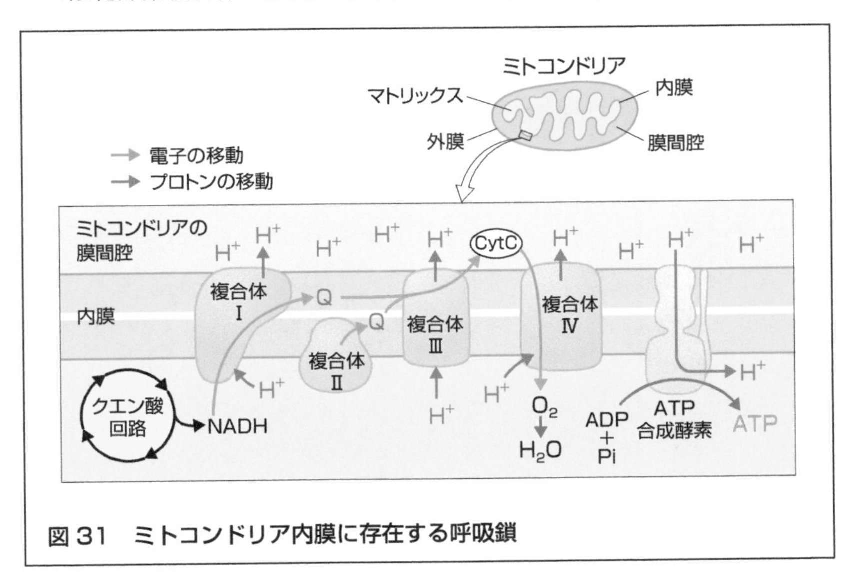

図31　ミトコンドリア内膜に存在する呼吸鎖

POINT 31

◆ 電子伝達系では，NADHや$FADH_2$のような分子が持つ電子のエネルギーがミトコンドリア内膜上の酵素複合体に次々と受け渡される。この酵素複合体は内膜の内側から外側にプロトンを汲み上げて，プロトン濃度勾配を形成する。

Stage 32 ミトコンドリアの電子伝達系②

F型ATP合成酵素の回転が重要

呼吸鎖の過程でマトリックスから膜間腔へとプロトンが汲み上げられましたが，プロトンはミトコンドリアの内膜を通過することができないため，内膜をはさんだ膜の内外にプロトン濃度の偏り（電圧）が生じます。濃度差が生じているのであれば，もしミトコンドリア内膜に穴を開けるとすると，膜間腔からマトリックスへプロトンが勢いよく流れ込むだろうと想像できます。こうした濃度勾配に従ったプロトン輸送で得られるエネルギーを用いてADPとPiからATPを合成するのが，**F型ATP合成酵素**です。

ミトコンドリアの内膜に埋め込まれているF型ATP合成酵素は，複数のサブユニットから構成される非常に大きなタンパク質です。酵素活性を持つ頭部は，柄がついたさかさまのキャンディのような形をしていて，ミトコンドリア内膜のマトリックス側に突き出しています。この頭部を固定している固定子は，内膜に存在するリング状の回転子と接触しています。

プロトンは，固定子と回転子の接触部分にある狭い孔を通ります。すると，プロトンの通過によって回転子のリングが回転し，あわせて頭部の柄の部分が回転します。つまり，プロトンが膜間腔からマトリックスへ流れ込む際のエネルギーが，回転の力学的なエネルギーに変換されているといえます。この柄の部分の回転で起こる力学的なエネルギーが化学結合エネルギーへと変換され，ADPとPiからATPが合成されます。この一連の機構は，ダムに蓄えた水を高いところから低いところへ落とすときにタービンを回して発電する水力発電によく似ています（図32）。

F型ATP合成酵素は，1回転ごとにATPを3分子，1秒間に100分子を超えるATPを産生できると考えられてきました。近年では，1回転ごとに何分子のATPが合成されるかは，生物によって異なることも明らかになっています。このATPが合成される機構は，解糖系の基質レベルのリン酸化と区別して，**酸化的リン酸化**と呼ばれます。酸化的リン酸化では，H^+が酸素によって酸化され，H_2Oになる反応と共役して，合計約30～32分子のATPが産生されます。

ATP合成酵素は，電気化学的プロトン勾配を用いてATPを合成するだけでなく，逆にATPのエネルギーを用いて，マトリックスから膜間腔へとプロトンを汲み上げることもできます。例えば，リソソームやエンドソームではたらく**V型ATPアーゼ**は，F型ATP合成酵素と構造がよく似ていますが，ATPのエネルギーを用いてプロトンを細胞小器官内腔へと輸送する機能を持ちます。この機能により，リソソーム内部を酸性の状態に維持して，酸性加水分解酵素が機能するのに役立ちます。つまりATP合成酵素は，電気化学的なプロトン勾配と化学結合エネルギーを相互変換できる，可逆的な共役装置といえます。

ATP合成酵素は，ミトコンドリアだけでなく，葉緑体や原核生物などにも存在するので，非常に重要な酵素であると考えられています。こうしてエネルギーを産生する機構は，ATPの化学結合反応（化学）と膜輸送過程（浸透）の2つが対になって機能するため，**化学浸透共役**と呼ばれます。細菌では，この機構を用いてATPを合成するだけでなく，鞭毛（べんもう）を高速に回転させることで移動することに役立てています。

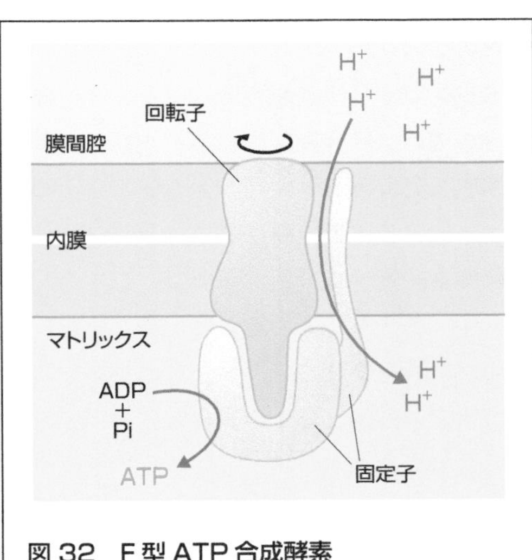

図32　F型ATP合成酵素

POINT 32

◆ミトコンドリア内膜の内外に形成された電気化学的濃度勾配に沿って，プロトンがマトリックスに流入する際，F型ATP合成酵素が力学的に回転する。このエネルギーを用いてATPが合成される。

Stage 33 葉緑体のエネルギー産生①

光エネルギーによる電子伝達

ミトコンドリアがグルコースの分解によって得られた高エネルギー電子を用いてATP合成を行っているように，葉緑体は光エネルギーを用いて電子伝達を行い，ATPを合成します。葉緑体や光合成細菌が持つこのようなしくみは**光化学系**と呼ばれます。葉緑体の光化学系では，光から産生したエネルギーを用いて，H_2O から O_2 と H^+，そして電子を産生します。葉緑体は，この電子が持つエネルギーによってATPを産生するとともに，CO_2 を炭水化物へと変換します。光合成は，光エネルギーを生物が用いることのできるかたちのエネルギーに変換しているともいえます。これからのStageでは，葉緑体のエネルギー産生経路について見ていきましょう。

光合成は，植物細胞内にある葉緑体で行われます。植物の葉にある1つの細胞を見てみると，数十から数百以上の葉緑体が存在します。葉緑体はミトコンドリアと同様に二重の膜に包まれた細胞小器官であり，その内部には酵素が溶けている液状の**ストロマ**と，扁平な袋状の**チラコイド**が存在します。チラコイドの膜には，光合成を行うための**光化学系タンパク質複合体**が埋め込まれています。この複合体に結合している重要な構成成分が**クロロフィル色素**などの光合成色素であり，葉緑体はこのクロロフィル色素によって光エネルギーをとらえています。クロロフィルはマンガンを含む複雑な構造をした緑色の色素です。植物や緑藻は**クロロフィルa**と**クロロフィルb**を保有しており，太陽光の青紫と赤の波長の光を吸収します。緑の波長はクロロフィルに吸収されずに反射されるため，私たちの目には植物の葉が緑色に見えるのです。また，緑葉中にはクロロフィル以外にも黄色や橙黄色の色素である**カロテノイド**が存在します。これらも光を吸収して，クロロフィルの機能を補っています。

クロロフィル分子は，チラコイド膜上に存在する**光化学系Ⅱ**および**光化学系Ⅰ**と呼ばれる，大型のタンパク質複合体に埋め込まれています（→ Stage 34）。これら2つの光化学系は，光エネルギーを集めるアンテナ複合体と，集めた光エネルギーを化学エネルギーに変換する反応中心からなります。アンテナ複合体はクロロフィルなどの光合成色素が詰め込まれており，反応中心を取り囲むように数百個配置されています。

光合成の最初の反応は，光化学系IIおよびIのアンテナ複合体が光エネルギーを吸収するところから始まります。クロロフィルを含むアンテナ複合体に光が当たるとクロロフィルの電子が励起され，エネルギーが次々と移動し，やがて反応中心の**スペシャルペア**と呼ばれるクロロフィル二量体へと受け渡されます（図 33）。励起されたスペシャルペアの電子は，反応中心のそばにある電子伝達系に受け渡されて，電子の持っているエネルギーをプロトンの濃度勾配のエネルギーへと変換し，ATP を合成します。この反応を**光化学反応**と呼びます。

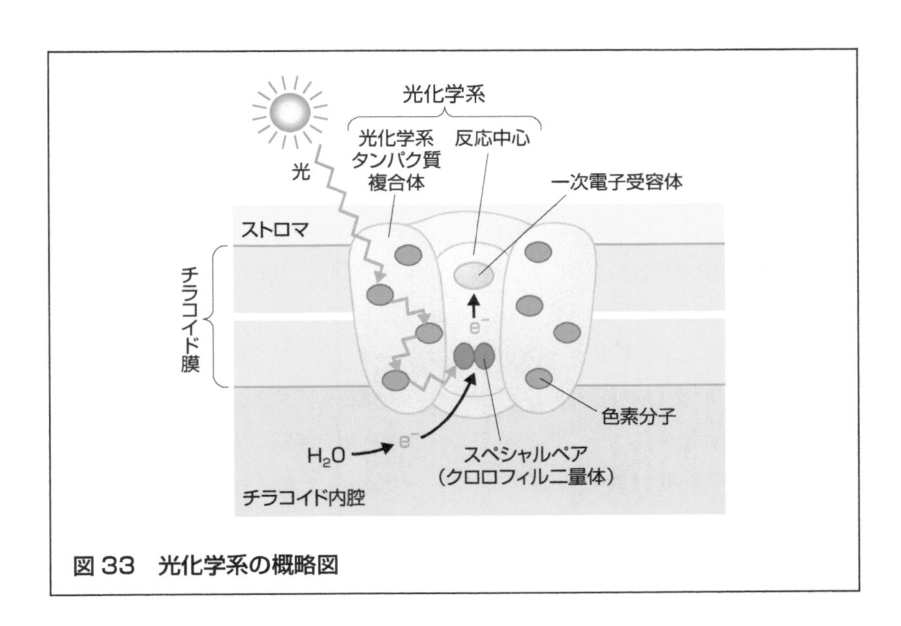

図 33　光化学系の概略図

POINT 33

◆ミトコンドリアと同様に，葉緑体は光エネルギーを用いて電子伝達を行う。葉緑体上の光合成色素が光エネルギーをとらえて，高エネルギーの電子として反応中心のスペシャルペアに集め，電子伝達系に受け渡し，プロトンの濃度勾配のエネルギーへと変換する。

Stage 34 葉緑体のエネルギー産生②

光リン酸化とカルビン・ベンソン回路

光化学系Ⅱ（図34中のPSⅡ）において，スペシャルペアのクロロフィルが電子を受け渡す相手は，プラストキノン（PQ）と呼ばれる化合物です。ここで，電子を失ったクロロフィルはH_2Oから電子を奪って元の状態に戻ります。H_2Oは分解されて，副産物としてH^+とO_2が産生されます。このO_2は，呼吸に利用されたり気孔から放出されたりします。

プラストキノンに受け渡された電子は，続いてシトクロムb_6-f複合体（b_6-f）というH^+ポンプに渡されます。シトクロムb_6-f複合体は，受け取った電子のエネルギーを用いて，プロトンをストロマからチラコイド内腔へと輸送します。その後，電子をプラストシアニン（PC）と呼ばれる銅を持ったタンパク質に受け渡します。一方の光化学系Ⅰ（PSⅠ）において，スペシャルペアのクロロフィルが電子を受け渡す相手は，鉄–硫黄中心を含む小型のタンパク質であるフェレドキシン（Fd）です。こうして電子を失った光化学系Ⅰのクロロフィルは，H_2Oから電子を奪うのではなく，光化学系Ⅱから来たプラストシアニンから電子を受け取ります。

光化学系Ⅰのクロロフィルから電子を受け取ったフェレドキシンは，ストロマ側に存在するフェレドキシンNADP還元酵素（FNR）を介して$NADP^+$に電子を受け渡し，高エネルギー化合物であるNADPHを産生します。この一連の反応を光合成の電子伝達系と呼びます。なお，ミトコンドリアの呼吸では，NADHからO_2に電子を受け渡すことでH_2Oを産生しますが，光合成では，H_2Oを分解してできた電子を$NADP^+$に受け渡すことでNADPHを産生します。

シトクロムb_6-f複合体によってチラコイド内腔へプロトンが輸送されたことで，ストロマとチラコイド内腔の間ではプロトン濃度勾配が形成されています。チラコイド膜上には，F型ATP合成酵素が埋め込まれていて，チラコイド側からストロマ側へプロトンが戻ろうとする濃度勾配を利用してATPが産生されます。このような光エネルギーによってATPが合成される反応を**光リン酸化**と呼びます（図 34）。

葉緑体のストロマでは，産生された ATP と NADPH を用いて CO_2 を有機化合物に取り込む炭素固定反応が行われます。この一連の反応を担う回路を**カルビン・ベンソン回路**と呼びます。取り込まれた CO_2 は，ATP と NADPH のはたらきでリン酸化と還元を受けて最終的に三炭糖リン酸へと変換されたあと，葉緑体から細胞質に輸送され，スクロースに変換されます。こうしてできたスクロースは，師管を通って植物の各組織に輸送されます。また，根や種子では，デンプンに変換されて貯蔵されます。こうしてできたデンプンを，私たちは食してエネルギーにしています。

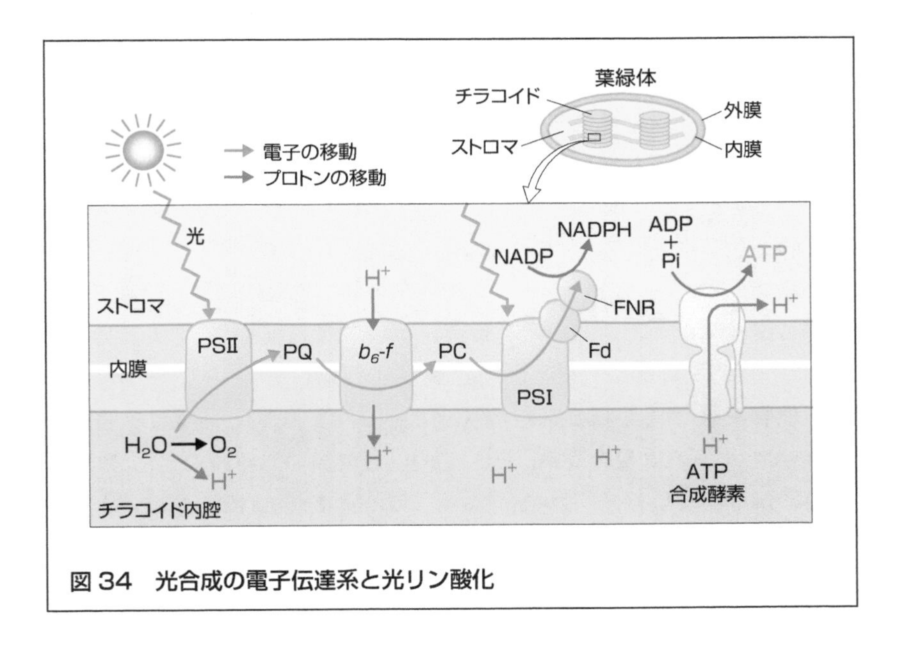

図 34　光合成の電子伝達系と光リン酸化

POINT 34

- 光合成の電子伝達系が形成したプロトン濃度勾配のエネルギーを用いて ATP の合成が行われる。
- ストロマのカルビン・ベンソン回路では，ATP のエネルギーを用いて CO_2 がスクロースに変換される。

column

細胞内共生説

真核細胞内に存在するミトコンドリアは，酸素を用いてエネルギーを生み出す機能を持った，非常に重要な細胞小器官です。ミトコンドリアが他の細胞小器官と異なるのは，独自のDNAとタンパク質合成系を保有していて，自らタンパク質を合成できるという点です。小胞体やゴルジ体などの他の細胞小器官は1枚の膜に囲まれていますが，ミトコンドリアは内膜と外膜の二重膜を持っています。なぜ，ミトコンドリアだけがこのような特徴を持つのでしょうか。

実は，ミトコンドリアの起源は，20億年以上も前に原始真核細胞に偶然取り込まれた原始好気性細菌（酸素を利用して多くのエネルギーを産生できる細菌）であり，取り込まれた当初は互いに独立した生物として共生していたのではないかと考えられています（**細胞内共生説**）。つまり，ミトコンドリアの内側の膜（内膜）は原始の好気性細菌由来のもので，外側の膜（外膜）は原始真核細胞のものだと考えられます（P.5「図2.2　細胞内共生説」を参照）。

植物細胞に見られる葉緑体も，ミトコンドリアと同様に独自のDNAとタンパク質合成系，そして内膜と外膜の二重膜を持ちます。葉緑体の起源もまた，原始真核生物に取り込まれた原始シアノバクテリア（光合成を行う細菌）だと考えられています。

細胞内共生説の根拠のひとつは，ミトコンドリアや葉緑体の持つDNAが真核細胞の核に存在するDNAの遺伝情報とは異なり，細菌に含まれているDNAの遺伝情報と似ていることです。また，ミトコンドリアや葉緑体が持つタンパク質を産生する装置も，細菌のそれと非常によく似ています。これらのことから，現在では細胞内共生説はほぼ正しいと考えられています。

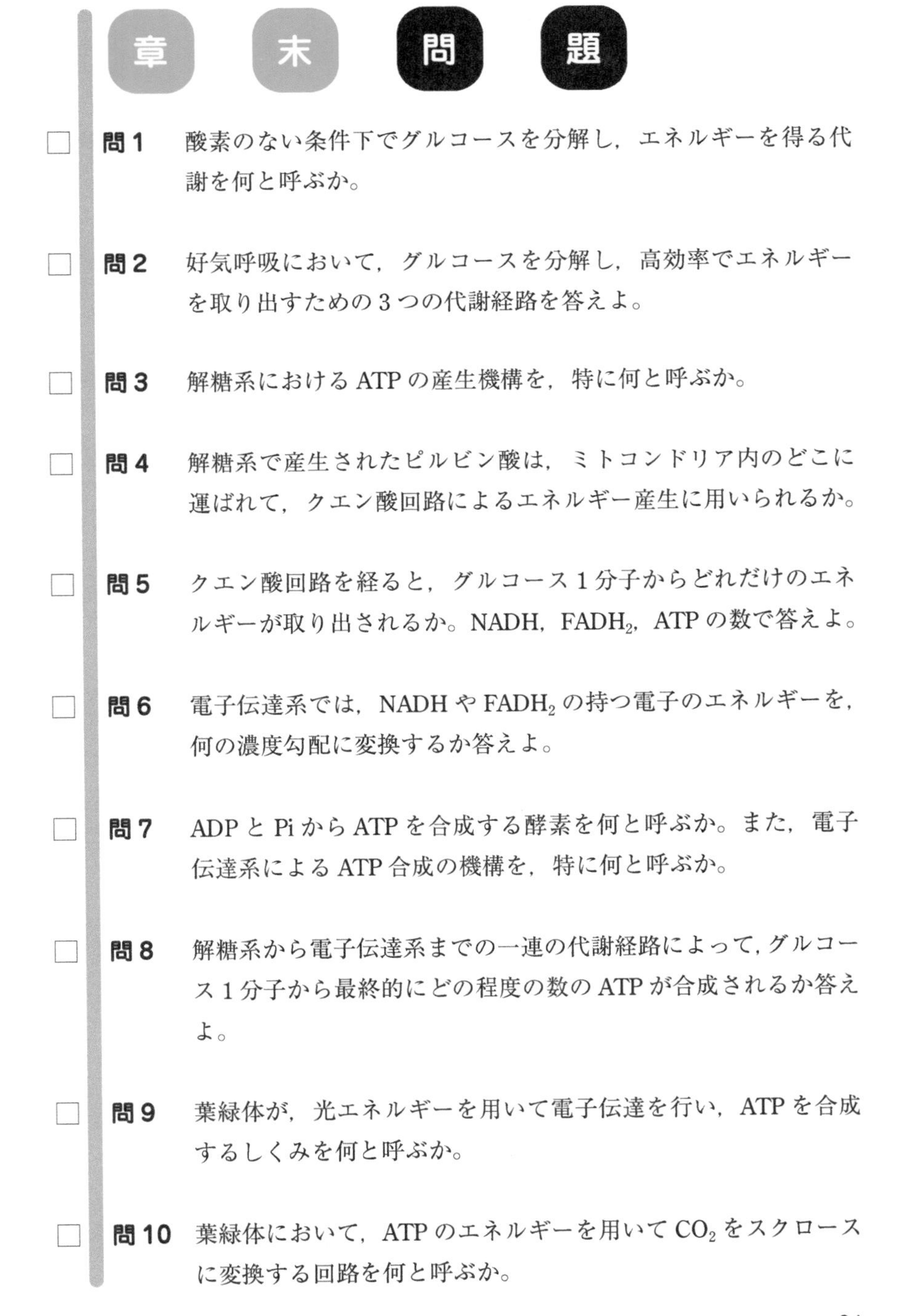

章末問題

□ **問1** 酸素のない条件下でグルコースを分解し，エネルギーを得る代謝を何と呼ぶか。

□ **問2** 好気呼吸において，グルコースを分解し，高効率でエネルギーを取り出すための3つの代謝経路を答えよ。

□ **問3** 解糖系におけるATPの産生機構を，特に何と呼ぶか。

□ **問4** 解糖系で産生されたピルビン酸は，ミトコンドリア内のどこに運ばれて，クエン酸回路によるエネルギー産生に用いられるか。

□ **問5** クエン酸回路を経ると，グルコース1分子からどれだけのエネルギーが取り出されるか。NADH，$FADH_2$，ATPの数で答えよ。

□ **問6** 電子伝達系では，NADHや$FADH_2$の持つ電子のエネルギーを，何の濃度勾配に変換するか答えよ。

□ **問7** ADPとPiからATPを合成する酵素を何と呼ぶか。また，電子伝達系によるATP合成の機構を，特に何と呼ぶか。

□ **問8** 解糖系から電子伝達系までの一連の代謝経路によって，グルコース1分子から最終的にどの程度の数のATPが合成されるか答えよ。

□ **問9** 葉緑体が，光エネルギーを用いて電子伝達を行い，ATPを合成するしくみを何と呼ぶか。

□ **問10** 葉緑体において，ATPのエネルギーを用いてCO_2をスクロースに変換する回路を何と呼ぶか。

□ **問 11** 光合成を行うための光化学系タンパク質複合体は，どこに埋め込まれているのか答えよ。

□ **問 12** 解糖系で産生されたピルビン酸は，ミトコンドリアへ輸送され補酵素 A（CoA）と反応し，アセチル CoA が産生される。この反応を何と呼ぶか。

□ **発展** 葉緑体の光合成における電子伝達では外液の pH が上昇するが，ミトコンドリアの電子伝達では外液の pH が低下する。しかし，どちらの場合も，ATP 合成酵素は，ストロマまたはマトリックスに向かって配置されている。この場合の H^+ の移動の違いを説明せよ。

解　答

問 1　嫌気呼吸
問 2　解糖系，クエン酸回路，電子伝達系
問 3　基質レベルのリン酸化
問 4　マトリックス
問 5　NADH：10 分子，$FADH_2$：2 分子，ATP：4 分子
問 6　H^+の濃度勾配
問 7　F 型 ATP 合成酵素，酸化的リン酸化
問 8　約 30 ～ 32 分子
問 9　光化学系
問 10　カルビン・ベンソン回路
問 11　チラコイド
問 12　移行反応
発展　葉緑体とミトコンドリアは細胞内共生（コラム P.90）を起源としているため，両者とも外膜と内膜の二重の膜で囲われている。つまりストロマとマトリックスは相同な区画である。葉緑体では，ストロマからチラコイド膜を通してチラコイド膜内へ，一方ミトコンドリアでは，マトリックスから内膜を通して膜間部へ H^+が輸送される。そして，H^+の濃度勾配に基づいた H^+輸送に共役してそれぞれ相同な区画で ATP 合成酵素によって ATP が合成される。そのため，外液の pH が，葉緑体とミトコンドリアでは異なる。

Chapter 6
細胞の情報伝達

生物は，外部環境の変化に反応してさまざまな応答をします。特に多細胞生物の細胞は，環境の変化に反応するだけでなく，個体を構成する他の細胞と連絡を取り合う必要があります。細胞は，どのような方法で外部からの情報を受け取ったり，情報を発信したりして，コミュニケーションを取っているのでしょうか。このChapterでは，シグナル伝達のしくみについて学びます。

Stage 35 細胞間シグナル伝達

シグナル分子と受容体による情報伝達

多細胞生物の細胞は，環境の情報をシグナルとして受け取ったり，互いにシグナルをやりとりしたりして，協調して機能しています。このような細胞間での情報伝達を**細胞間シグナル伝達**といいます。細胞間シグナル伝達にはさまざまな種類がありますが，「**情報発信細胞**が特定の**シグナル分子**を放出し，それを**標的細胞**が受け取る」というかたちが基本です。標的細胞には，シグナル分子を特異的に認識して結合する，**受容体**と呼ばれるタンパク質が存在します。受容体を介してシグナルを受け取った標的細胞は，シグナルに応じて代謝や遺伝子の発現のしかた，細胞の形態や動態などを変化させます。これが，細胞が外部の情報を受け取って応答するしくみです。

しかし，大型で複雑な多細胞生物の場合，情報発信細胞と標的細胞が互いに近くに存在するとは限りません。逆に，隣の細胞だけにシグナルを伝える場合もあります。まずは，細胞がどのようにシグナルを伝達する範囲を調節しているのか見ていきましょう。

内分泌（エンドクリン）型シグナル伝達は，ホルモンを利用するシグナル伝達の方法です。ホルモンは特定の臓器の内分泌細胞で合成されるシグナル分子で，分泌されると血流に乗り，遠く離れた全身の標的細胞にシグナルを伝えます（図 35-A）。動物の場合は，長距離かつ高速の細胞間シグナル伝達を担う細胞も進化しています。それが**神経細胞（ニューロン）**です。神経細胞は，**軸索**と呼ばれる長い構造を伸ばして，遠く離れた標的細胞とシナプス結合と呼ばれる方法で結合しています。私たちの体の中では，脳から 1 m も離れた場所にある筋肉を動かすために，神経細胞が筋肉の細胞と直接連絡して，遠距離かつ高速なシグナル伝達を可能にしています。これを**シナプス型シグナル伝達**といいます（図 35-B）。

内分泌型とシナプス型のシグナル伝達は，どちらも遠距離の細胞の機能を調節します。内分泌型の場合，シグナル分子であるホルモンは血流で運ばれるため，シグナル伝達に比較的時間がかかります。一方シナプス型は，離れた細胞へ高速かつ正確に伝達できるという特徴があります。

近傍の細胞と情報のやりとりをする際に用いられる伝達方式もあります。**パラクライン型シグナル伝達**は，内分泌型とは異なり，シグナル分子が血流で運ばれることなく，近くの標的細胞にだけ情報が伝達される方式です（図 35-C）。**細胞接触型シグナル伝達**は，標的細胞の表面に存在する受容体に膜貫通タンパク質シグナル分子が直接結合することで行われる方式です。ある種の免疫細胞では，体内の細胞が病原体に感染していないかどうか調べるために，この方式で細胞と接触します（図 35-D）。

同じ細胞外シグナル分子を受容しても，持っている受容体の種類が異なれば，標的細胞によって効果が異なることがあります。例えば，細胞外シグナル分子のアセチルコリンを骨格筋細胞が受け取ると，骨格筋細胞は収縮しますが，唾液腺細胞は収縮力が低下します。これは，骨格筋細胞と唾液腺細胞が持つアセチルコリン受容体の種類が異なるためです。

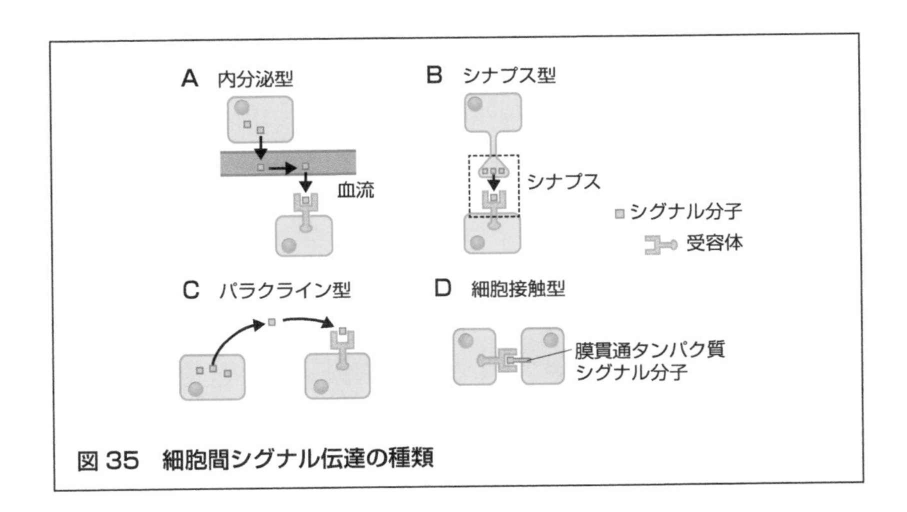

図 35　細胞間シグナル伝達の種類

POINT 35

- 多細胞生物の細胞は，細胞間シグナル伝達で情報をやりとりする。
- 情報発信細胞が特定のシグナル分子を放出し，それを標的細胞の受容体が受け取る。標的細胞によって応答が異なることがある。

Stage 36 細胞内シグナル伝達

シグナルを細胞内に伝えるしくみ

標的細胞の受容体が細胞外からシグナルを受け取ると，その情報は標的細胞内のタンパク質からタンパク質へリレーのように伝わります。このリレーに関わるタンパク質を**シグナルタンパク質**と呼びます。情報は，最終的に細胞内の**エフェクタータンパク質**と呼ばれるタンパク質に伝わります。エフェクタータンパク質には，細胞内の代謝を調節する酵素や，遺伝子の発現を調節するタンパク質，細胞骨格の制御に関わるタンパク質などがあり，これらの活性が変化することで，代謝や遺伝子の発現のしかた，細胞の形態や動態が変化します（図36）。これが，外部からの情報によって細胞が応答するしくみです。

このように，受容体が細胞外のシグナル分子を受け取ってから，シグナルタンパク質を介してエフェクタータンパク質に情報が伝わるまでのやりとりを**細胞内シグナル伝達**といい，シグナルによって活性化される一連のやりとりを**細胞内シグナル伝達経路**と呼びます。1つのシグナルで活性化する伝達経路は1つだけではなく，同時に複数の伝達経路が活性化することもあります。

細胞内シグナル伝達では，情報が伝達されていく間に，シグナルが増幅されたり，経路が分岐したり，統合されたりすることがあります。例えば，あるシグナルタンパク質は，1分子で大量のシグナルタンパク質を活性化することで，シグナルを増幅します。これにより，受容体が受け取った細胞外シグナル分子が少量であっても，細胞内で大きな反応を引き起こすことができます。また，シグナル伝達経路を分岐させたり，統合したりすることで，別のシグナル伝達経路にも情報を伝えたり，細胞応答を複雑に制御したりすることが可能になります。

シグナル分子のうち，これまでに登場した細胞と細胞の間でのシグナル伝達を担うシグナル分子は**ファーストメッセンジャー**と呼ばれます。このファーストメッセンジャーのシグナルを受け取って標的細胞内のシグナルタンパク質が活性化されたとき，その過程で，シグナルを中継する役割を持った分子が新たに産生されることがあります。これを**セカンドメッセンジャー**といいます。セカンドメッセンジャーは主に小さな分子で，一度に大量に産生され，細胞内を素早く拡散しやすいという性質を持ちます。この性質は，先に述べたシグナルの増幅や分岐に役立ちます。

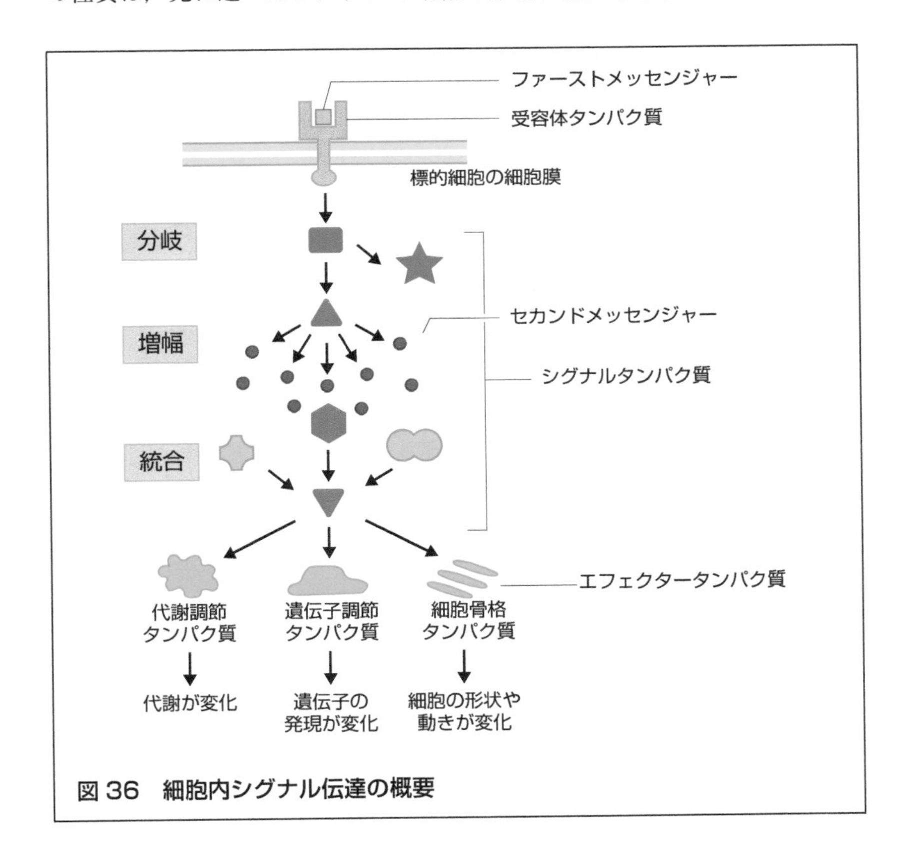

図 36　細胞内シグナル伝達の概要

POINT 36

◆ 細胞外シグナルを受けた標的細胞の中では，細胞内シグナル伝達が行われ，最終的にエフェクタータンパク質が活性化されて細胞応答が起きる。
◆ セカンドメッセンジャーは，細胞内シグナルを中継したり，増幅したりする役割を持つ。

Stage 37 細胞膜受容体と細胞内受容体

親水性分子の受容体と疎水性分子の受容体

細胞外シグナル分子を受容する受容体には，細胞膜表面に存在する**細胞膜受容体**と，細胞内に受容体が存在する**細胞内受容体**の2種類があります（図37）。細胞外シグナル分子のほとんどは親水性であり，膜を透過できないため，細胞膜受容体によって受容されます。一方，シグナル分子の中には疎水性が高いものや，大きさが小さいものがあります。このようなシグナル分子は，細胞膜を透過して細胞内受容体に受容されます。

ガスの一酸化窒素（NO）は，動物細胞と植物細胞に見られる，細胞内受容体と結合するタイプのシグナル分子です。哺乳類の血管内皮細胞はNOを産生し，シグナル分子として放出します。NOは急速に拡散して，周囲の平滑筋細胞の細胞内受容体に受容されます。すると，平滑筋細胞は急速に弛緩するため，血管が拡張し，血流がよくなります。

ガス分子以外にも，細胞膜を透過して標的細胞に直接入り込んで作用するシグナル分子があります。それが，ステロイドホルモンや甲状腺ホルモン，ビタミンDなどの疎水性で小型のシグナル分子です。疎水性かつ小型であるため，これらのシグナル分子は標的細胞の細胞膜（脂質）を透過して，細胞内の細胞内受容体に結合します。特にこれらの細胞内受容体は，シグナル分子が結合すると核内ではたらくため，**核内受容体**と呼ばれます。核内受容体は，特定のDNA配列と結合して，遺伝子の発現量を調節する役割を持ちます。例えば，ステロイドホルモンの一種である性ホルモンは，精巣や卵巣で産生され，雌雄の二次性徴を調節します。ビタミンDは皮膚で産生され，活性型ビタミンDに変換されたあと，体内のカルシウムイオンの代謝を調節します。甲状腺ホルモンは甲状腺で産生され，さまざまな細胞の代謝速度を上昇させます。ステロイドホルモンなどのシグナル分子は新たなタンパク質合成を引き起こすため，標的細胞がシグナルを受けてから応答するまでに要する時間は，数分から数時間と長くなります。

細胞膜受容体に結合して作用するシグナル分子は主に親水性分子であり，ペプチドホルモンやアミノ酸，アミン類が代表的です。これらは，Stage 36でも学んだ通り，細胞内にすでに存在するタンパク質によって細胞内シグナル伝達が行われるため，例えば細胞の形態や動態を変えるような応答は非常に素早く（数秒から数分で）行われます。また，NOなどのガス分子による細胞の応答も素早く行われます。ステロイドホルモンなどのシグナル分子と同様に，親水性分子によるシグナルが細胞内シグナル伝達経路を介して核内に伝達され，遺伝子発現を調節する場合もあります。このように，細胞は多様な細胞内シグナル伝達経路を用いて情報伝達を行っているのです。

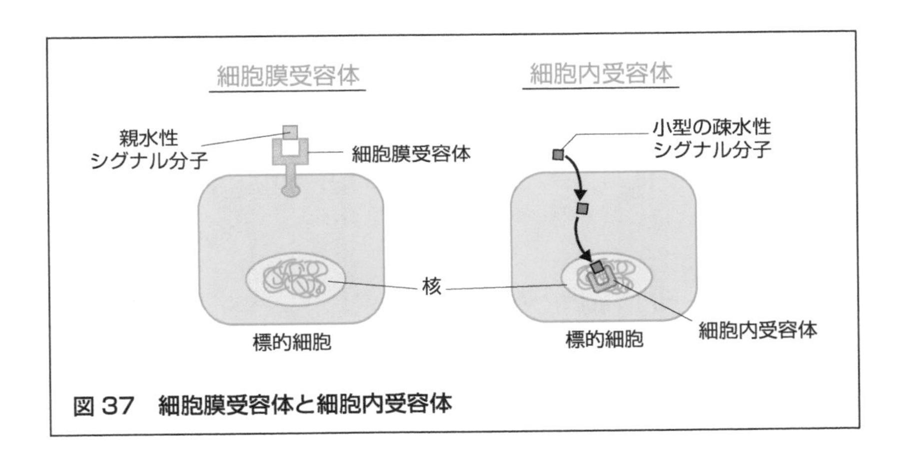

図 37　細胞膜受容体と細胞内受容体

POINT 37

- 細胞外シグナル分子の受容体には，主に親水性分子を受容する細胞膜受容体と，小型の疎水性分子を受容する細胞内受容体がある。
- 細胞の形態や動態を変える応答のように，すでに細胞内に存在するタンパク質を用いるために数秒から数分程度で起きる素早い細胞応答と，遺伝子の発現量を変える応答のように，新たにタンパク質を合成するために数分から数時間かかる遅い細胞応答がある。

Stage 38 シグナル伝達経路

タンパク質のリン酸化と脱リン酸化

細胞内シグナル伝達を担うシグナルタンパク質は，スイッチのように機能します。具体的には，シグナルを受け取ると不活性な状態から活性な状態へとタンパク質の構造が変化し，別の過程でスイッチがオフにされて不活性な構造に戻るまで，その活性状態が維持されます。つまり，細胞内の情報伝達は，このタンパク質の構造変化というスイッチのオン・オフが繰り返されることで調節されているのです。このタンパク質におけるスイッチとは，「タンパク質に結合しているリン酸基の有無」のことです。タンパク質にリン酸基が結合したり，あるいは外れたりすることで，タンパク質の立体構造が変化し，活性状態が切り替わるのです。

キナーゼとホスファターゼ

細胞内シグナル伝達経路で重要な役割を持つタンパク質として，**キナーゼ**と呼ばれるタンパク質が挙げられます。キナーゼは他のタンパク質にリン酸基を付加する**リン酸化**という機能を持っているため，スイッチのオン・オフを切り替えることができます。逆に**ホスファターゼ**は，タンパク質に付加されたリン酸基を除去する**脱リン酸化**の機能を持ちます（図38左）。細胞内シグナル伝達は，伝達経路に関わるタンパク質のリン酸化の有無によって活性状態が調節されますが，そのバランスはキナーゼとホスファターゼによって調節されます。さらに，リン酸化によって活性状態を調節されるタンパク質の多くは，それ自身がキナーゼである場合もあります。つまり，リン酸化によって活性化されたキナーゼが，また別のキナーゼをリン酸化して活性化し，さらに別のキナーゼをリン酸化して……と繰り返すことで，細胞内のシグナルが増幅されていきます。このような反応を**リン酸カスケード反応**と呼びます。

G タンパク質

リン酸基が結合することで機能する別のスイッチとして，**GTP 結合タンパク質**，通称 **G タンパク質**もあります。GTP は Stage 10 にも登場したヌクレオチドで，グアノシンに 3 つのリン酸が結合している，ATP によく似た分子です。G タンパク質は GTP が結合すると活性型になり，リン酸基を 1 つ失った GDP が結合すると不活性型になります。活性型の G タンパク質は，他のタンパク質にシグナルを伝達するほか，自分自身の持つ GTP からリン酸基を外して GDP にする機能があるため，自分で不活性型へと変化します（図 38 右）。この G タンパク質の性質は，細胞内の小胞輸送や細胞分裂など，真核細胞内のさまざまな生命現象に関与しています。

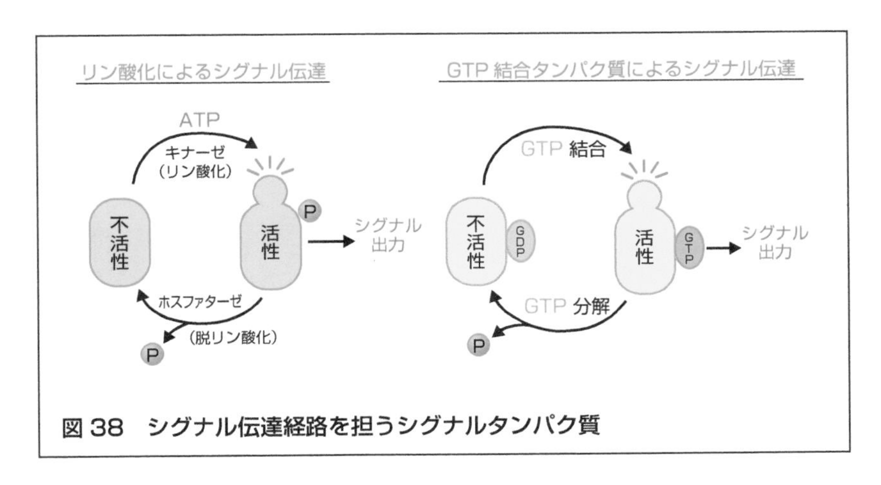

図 38　シグナル伝達経路を担うシグナルタンパク質

POINT 38

- シグナルを受け取ったシグナルタンパク質は，リン酸基が結合したり，外れたりすることで，タンパク質の立体構造が変化し，活性状態が切り替わる。
- リン酸基を付与するタンパク質をキナーゼといい，リン酸基を除去するタンパク質をホスファターゼという。

Stage 39 シグナル受容体①

イオンチャネル共役受容体とGPCR

細胞膜に存在する受容体タンパク質は，シグナル伝達の方法により，いくつかの種類に分類できます。

イオンチャネル共役型受容体

神経細胞（ニューロン）と，神経細胞が情報を伝達する相手である標的細胞（ニューロンや筋細胞）との間では，Stage 35で登場したシナプス型シグナル伝達が行われています。この素早いシグナル伝達を可能としているのが，標的細胞の細胞膜に存在する**イオンチャネル共役型受容体**です。この受容体は，シグナル分子を受け取る受容体としての性質と，Stage 23で学んだイオンチャネルの性質を併せ持ちます。イオンチャネル共役型受容体がシグナル分子を受け取ると，チャネルが開いて特定のイオンが細胞外から細胞内に流入します（細胞内から細胞外へ流出する種類のイオンもあります）。この細胞内のイオン濃度の変化が，細胞内のシグナルタンパク質の活性のスイッチを切り替えるのです。イオンチャネル共役型受容体は，アセチルコリン，グルタミン酸，γ-アミノ酪酸（GABA），セロトニン，ドーパミンなどのシグナル分子によって活性化されます。これらは，神経細胞間の情報伝達に関わることから**神経伝達物質**と呼ばれます。

運動の指令が脳から筋肉へ伝わる例で，イオンチャネル共役型受容体のしくみを見ていきましょう（図39-A）。例えば，運動ニューロンと骨格筋細胞との間ではシナプスが形成され，シナプス型シグナル伝達が行われています。脳からの指令が運動ニューロンに届くと，運動ニューロンは標的細胞である骨格筋細胞に向けてアセチルコリンを放出します。これが骨格筋細胞の表面に存在するアセチルコリン受容体に受容されると，受容体の構造が変化してチャネルが開きます。すると，ナトリウムイオンやカリウムイオン，カルシウムイオンが細胞内外を自由に行き来できるようになって，細胞内のイオン濃度が変化します。引き起こされるのがイオン濃度の変化であるため，応答が素早いのです。骨格筋細胞は，このイオン濃度の変化を受けて収縮します。これが運動ニューロンによって筋肉が収縮するしくみです。この応答は，運動ニューロンと骨格筋細胞とのシナプスの間に存在するアセチルコリンが分解されるまで，1 ミリ秒程度続きます。

G タンパク質共役型受容体

G タンパク質共役型受容体（GPCR：G protein-coupled receptor）は，Stage 22 で登場した細胞膜を 7 回貫通するタンパク質であり，細胞外からのさまざまな細胞外シグナル分子（神経伝達物質，ホルモン，光，におい分子など）を受容して構造変化を起こします（図 39-B）。すると，細胞質内の G タンパク質の GDP を GTP と交換して活性化させます（共役）。活性化して構造変化した G タンパク質は，受容体から離れた場所にある標的タンパク質を活性化させて，細胞内シグナル伝達を進行します。

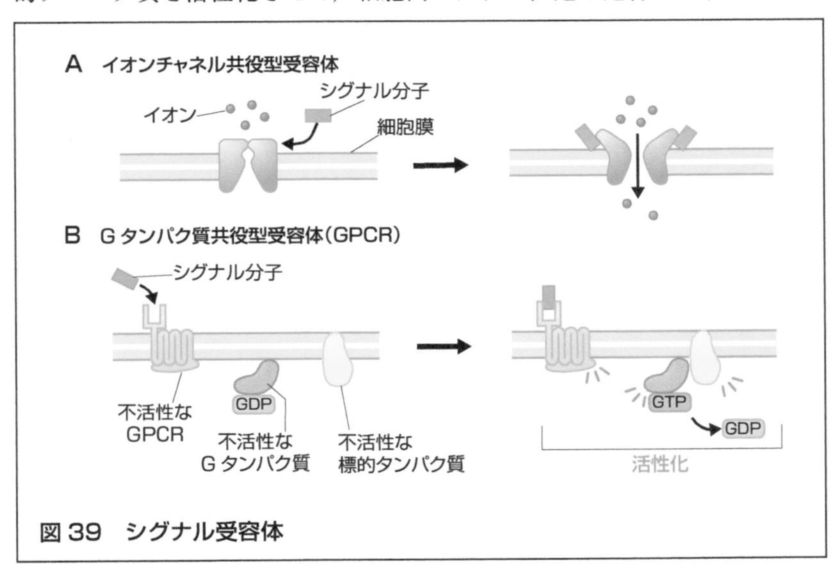

図 39　シグナル受容体

POINT 39

◆ イオンチャネル共役型受容体は，シグナル分子を受容するとチャネルを開き，細胞内のイオン濃度を変化させてシグナルを伝える。
◆ GPCR は，G タンパク質によってシグナルを伝える細胞膜受容体で，細胞外からのさまざまな細胞外シグナル分子に応答する。

Stage 40 シグナル受容体②

cAMPによる細胞内シグナル伝達

サイクリック AMP（cAMP）は，主に原核細胞や動物細胞においてセカンドメッセンジャーとして機能する細胞内シグナル分子であり，シグナルを受け取ったアデニル酸シクラーゼと呼ばれる酵素が，ATP を原料として合成します。このとき，cAMP は一度に大量に合成されるほか，細胞内を素早く拡散しやすいという性質を持つため，シグナルが増幅されたり，分岐したりします。細胞内の cAMP の濃度は通常 100 nmol/L ですが，細胞外シグナルを受けてアデニル酸シクラーゼが合成を開始すると，数秒以内に 20 倍以上の濃度に増加します。Stage 39 で学んだ GPCR の中には，アデニル酸シクラーゼを活性化して，細胞内の cAMP 濃度を上昇させる G タンパク質と共役するものがあります。このような G タンパク質は，促進性 G タンパク質（Gs）と呼ばれます。細胞内で産生された cAMP は，cAMP 依存タンパク質キナーゼ（PKA：cyclic AMP-dependent protein kinase）を活性化します。活性化した PKA は，細胞内のシグナルタンパク質やエフェクタータンパク質をリン酸化する機能を持ちます。

こうした細胞内シグナル伝達の例として，グルカゴンによる細胞応答のしくみを見ていきましょう。グルカゴンは，ヒトの血糖値を上昇させるために膵臓のランゲルハンス島から分泌されるホルモンです。肝臓の細胞膜上にはグルカゴン受容体が発現しており，グルカゴンを受容して活性化します。すると，受容体は細胞内の促進性 G タンパク質を活性化するので，これによってアデニル酸シクラーゼが活性化され，細胞内の cAMP 濃度が上昇します。すると，PKA が活性化されて，PKA がさらに別のキナーゼをリン酸化して……と，反応が進行します。最終的には，肝臓の細胞内に貯蔵されているグリコーゲンをグルコースへと分解する酵素が活性化されます（図 40）。こうしてグルコースが産生されることで，血糖値が上昇するのです。

PKA は，グリコーゲン合成酵素をリン酸化して不活性化することで，グリコーゲンの合成を抑制する役割もあります。これは，グルコースがグリコーゲンの合成に使われるのを防ぐため，血糖値の上昇に寄与します。さらに PKA は，**cAMP 応答配列結合タンパク質**（**CREB**：cyclic AMP response element-binding protein）と呼ばれるタンパク質もリン酸化します。CREB は遺伝子の発現量の調節に関わるタンパク質であり，この例ではグルコースの産出に関与する遺伝子の発現を促進するので，グルコースの産出が活発になります。このように，cAMP は細胞内を容易に拡散するので，代謝調節のように速い細胞応答と，遺伝子発現量の調節のように遅いが持続的な細胞応答を同時に調節することができるのです。

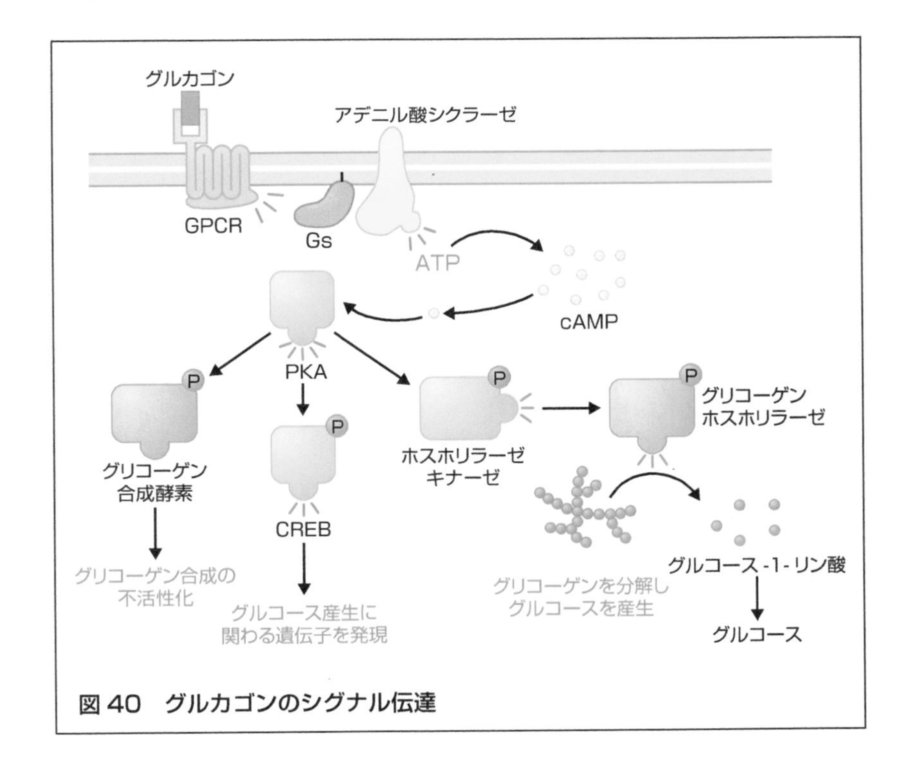

図 40　グルカゴンのシグナル伝達

POINT 40

◆ サイクリック AMP は，ATP から合成されるセカンドメッセンジャーであり，PKA を活性化する。PKA は，細胞内のさまざまなシグナルタンパク質やエフェクタータンパク質を活性化する。

Stage 41 イノシトールリン脂質経路

IP3とジアシルグリセロール

GPCRによる細胞内シグナル伝達経路には，PKAを経由するもの以外にも，イノシトールリン脂質経路として知られているものがあります。イノシトールリン脂質経路では，イノシトール三リン酸（IP3：inositol trisphosphate）と呼ばれる分子や，ジアシルグリセロール，カルシウムイオンなどが，cAMPと同様にセカンドメッセンジャーとして機能します。この経路で重要なキナーゼが，ホスホリパーゼCです。ホスホリパーゼCは細胞膜に結合しているキナーゼで，活性化すると，細胞膜を構成するリン脂質の一種であるイノシトールリン酸を，イノシトール三リン酸（IP3）とジアシルグリセロールに分解します。これによって産生されたIP3やジアシルグリセロールがセカンドメッセンジャーとして機能し，細胞内シグナル伝達を起こします。

イノシトールリン脂質経路による細胞内シグナル伝達の例として，生殖腺刺激ホルモン放出ホルモン（GnRH：gonadotropin-releasing hormone）による細胞応答のしくみを見ていきましょう（図41）。GnRHは，脳の視床下部から分泌されるホルモンです。GnRHが脳下垂体の標的細胞に作用すると，貯蔵していたゴナドトロピン生殖腺刺激ホルモンと呼ばれるホルモンを分泌したり，ゴナドトロピンの合成が行われたりします。標的細胞の膜上にはGnRH受容体が存在しており，GnRHを受容して活性化します。すると，受容体は，Gsとは異なるGタンパク質であるGqを活性化します。GqはホスホリパーゼCを活性化するGタンパク質であり，活性化したホスホリパーゼCは，細胞膜のイノシトールリン酸を分解して，IP3とジアシルグリセロールを産生します。IP3は細胞膜から離れると，細胞質内に拡散し，小胞体膜に存在するIP3依存性Ca^{2+}放出チャネルに結合して，チャネルを開きます。すると，小胞体の中から細胞質中へCa^{2+}が放出されます。こうして放出されたCa^{2+}もまた，細胞内を拡散してセカンドメッセンジャーとして機能し，さらに別のタンパク質の活性を変化させます。

一方のジアシルグリセロールは，**プロテインキナーゼ C**（PKC：protein kinase C）と呼ばれるキナーゼを活性化します。ここで，IP3 によって細胞内の Ca^{2+} 濃度が上昇すると，PKC の構造が変化して，細胞内のさまざまな標的タンパク質をリン酸化し，シグナルを増幅していきます。このほかにも，特に Ca^{2+} はセカンドメッセンジャーとしてさまざまなタンパク質の活性を変化させます。このようにして，グルカゴンのときと同様に，ゴナドトロピンの分泌のような速い細胞応答と，ゴナドトロピンの合成のように遅いが持続的な細胞応答を同時に調節します。

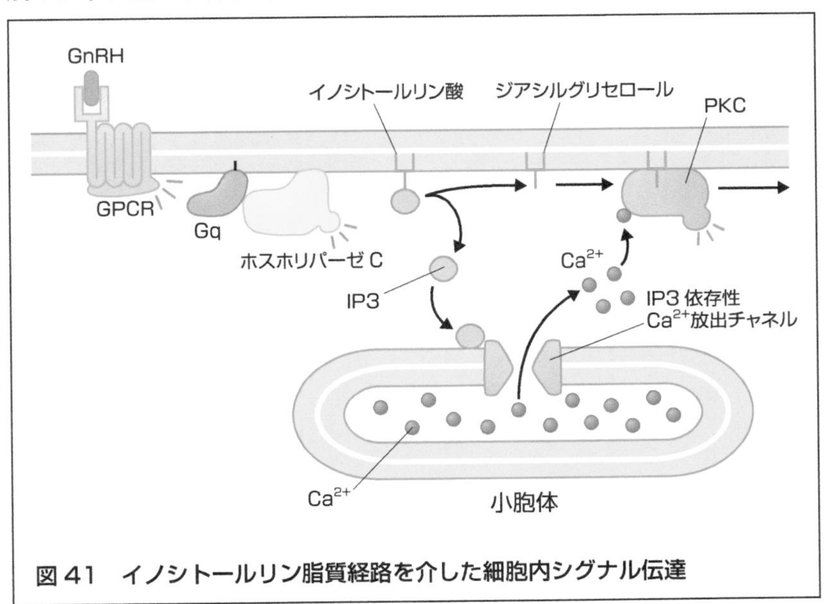

図 41　イノシトールリン脂質経路を介した細胞内シグナル伝達

POINT 41

◆ イノシトールリン脂質経路は，GPCR が Gq を活性化することで起きる。活性化した Gq は，細胞膜のイノシトールリン酸を分解して，セカンドメッセンジャーである IP3 とジアシルグリセロールを産生する。

◆ 生産された IP3 は，セカンドメッセンジャーである Ca^{2+} を小胞体から放出させる。ジアシルグリセロールと Ca^{2+} は PKC を活性化するため，リン酸カスケード反応が進行していく。

column

細胞内の相分離

生物は生体膜で仕切られ，区画化されることで形成されています。例えば，私たちの体を構成する細胞も生体膜で区画化されています。また，細胞内に存在する細胞小器官も，生体膜で覆われることで区画化されています。しかし近年，生物には，生体膜で区画化されない，まったく新しい形の区画化が存在することが明らかになってきました。それは，**液-液相分離**と呼ばれる現象による区画化です。液-液相分離とは，2つの液体が混ざらず，互いに排除し合い，2つの相に分離する現象のことです。例えば，サラダドレッシングが油の相と水の相に分離する現象も，液-液相分離です。

最近の研究から，細胞内の核酸やタンパク質のような生体高分子が液-液相分離を起こして，水中に浮かぶ油のように液滴を形成することが明らかになってきました。こうした核酸やタンパク質の液滴は，生体膜のない細胞小器官として，さまざまな役割を担っている可能性が考えられています。例えば，神経細胞同士で情報のやりとりをするために必要なタンパク質が，細胞と細胞の接着している部位に凝集して相分離を起こすことで，情報伝達が確実に行われるように調節されている可能性も示唆されています。

筋萎縮性側索硬化症（**ALS**：amyotrophic lateral sclerosis）という運動神経疾患では，運動を制御する神経細胞の中にタンパク質が凝集した塊が見られます。最近の研究から，このタンパク質の塊の形成に先立って，まず細胞質が液-液相分離し，小さな液滴を形成することが明らかになりました。そして，この液滴が徐々に粘性を増して，最終的に有害な固い凝集体を形成する可能性が考えられています。

こうした現象以外にも，遺伝子の転写や翻訳，シグナル伝達の制御や環境ストレスへの応答など，さまざまな生命現象に液-液相分離が密接に関与していることが明らかになりつつあります。今後の研究の展開が期待されます。

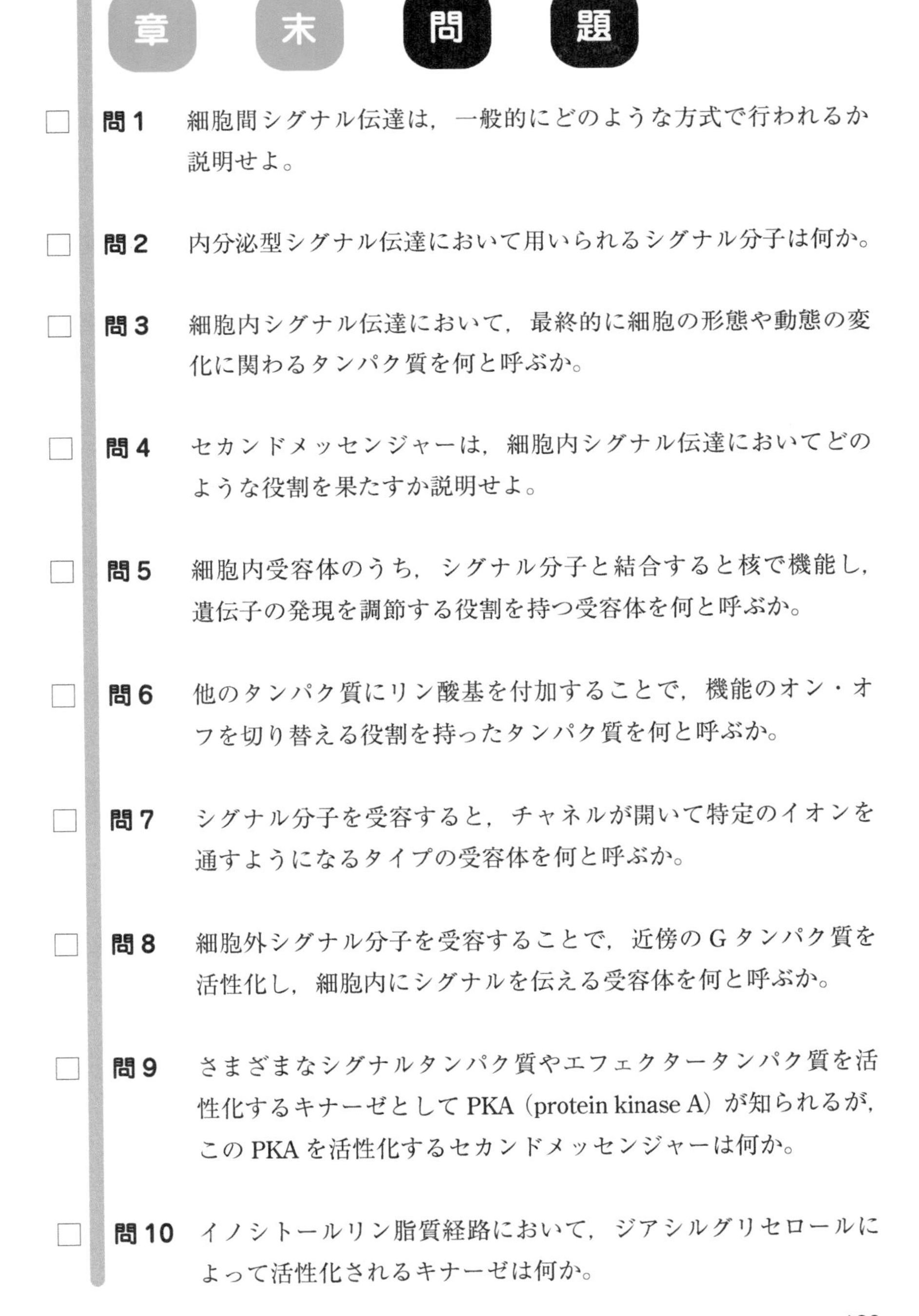

章末問題

□ **問1** 細胞間シグナル伝達は，一般的にどのような方式で行われるか説明せよ。

□ **問2** 内分泌型シグナル伝達において用いられるシグナル分子は何か。

□ **問3** 細胞内シグナル伝達において，最終的に細胞の形態や動態の変化に関わるタンパク質を何と呼ぶか。

□ **問4** セカンドメッセンジャーは，細胞内シグナル伝達においてどのような役割を果たすか説明せよ。

□ **問5** 細胞内受容体のうち，シグナル分子と結合すると核で機能し，遺伝子の発現を調節する役割を持つ受容体を何と呼ぶか。

□ **問6** 他のタンパク質にリン酸基を付加することで，機能のオン・オフを切り替える役割を持ったタンパク質を何と呼ぶか。

□ **問7** シグナル分子を受容すると，チャネルが開いて特定のイオンを通すようになるタイプの受容体を何と呼ぶか。

□ **問8** 細胞外シグナル分子を受容することで，近傍のGタンパク質を活性化し，細胞内にシグナルを伝える受容体を何と呼ぶか。

□ **問9** さまざまなシグナルタンパク質やエフェクタータンパク質を活性化するキナーゼとしてPKA（protein kinase A）が知られるが，このPKAを活性化するセカンドメッセンジャーは何か。

□ **問10** イノシトールリン脂質経路において，ジアシルグリセロールによって活性化されるキナーゼは何か。

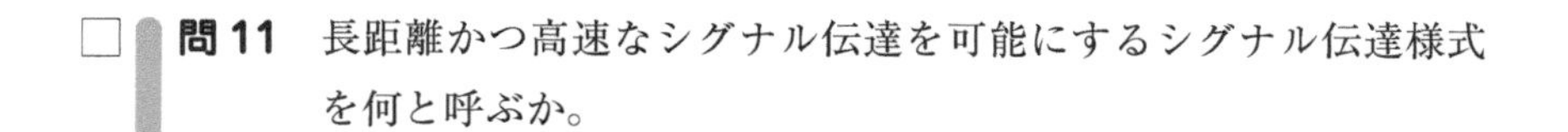

□ **問 11**　長距離かつ高速なシグナル伝達を可能にするシグナル伝達様式を何と呼ぶか。

□ **問 12**　ホスファターゼとは，どのような機能を持った分子のことか，説明せよ。

□ **発展**　コレラ菌に感染すると激しい下痢が起こる。これは，腸の上皮細胞に存在する塩素イオンチャネルがPKAによってリン酸化され，細胞外（消化管腔内）へ塩素イオンと水分子を大量に排出するためである。コレラ菌が産生するコレラ毒素は，PKAではなく細胞内の促進性Gタンパク質（Gs）に作用する。コレラ毒素による下痢を引き起こす機構はどのようなものだと考えられるか，説明せよ。

解　答

問 1　情報発信細胞が特定のシグナル分子を放出し，それを標的細胞が受け取るという方式

問 2　ホルモン

問 3　エフェクタータンパク質

問 4　細胞内シグナルを中継したり，増幅したりする役割

問 5　核内受容体

問 6　キナーゼ

問 7　イオンチャネル共役型受容体

問 8　Gタンパク質共役型受容体（GPCR）

問 9　サイクリックAMP（cAMP）

問 10　プロテインキナーゼC（PKC）

問 11　シナプス型シグナル伝達

問 12　タンパク質に付加されたリン酸基を除去する，脱リン酸化の機能

発展　コレラ毒素の作用でGsが常に活性化され，アデニル酸シクラーゼが常に活性化された状態になる。その結果，腸の上皮細胞内のcAMP濃度が持続的に上昇し，PKAが活性化される。すると，塩素イオンチャネルがPKAによりリン酸化されることで，塩素イオンチャネルの機能が変化し，消化管腔内へ塩素イオンと水が大量に腸管へ排出され続けるようになる。

□ 細胞骨格の種類
□ 微小管
□ キネシンとダイニン
□ アクチンフィラメント
□ ミオシン
□ 中間径フィラメント
□ 章末問題

Chapter 7
細胞骨格

真核細胞は原核細胞よりも大きく，そして複雑であるため，細胞の形態の維持や細胞内の極性の形成，細胞の運動機能を司る，細胞骨格と呼ばれる繊維状の構造が発達しています。建物には柱や梁が必要なように，細胞にとっても，大きな細胞質の空間を支える細胞骨格という骨組みが必要なのです。このChapterでは，真核細胞が持つ細胞骨格のはたらきについて学びましょう。

Stage 42 細胞骨格の種類

細胞の形態を維持するタンパク質

真核細胞は，細胞骨格と呼ばれる繊維状の構造が発達しています。細胞骨格は，建物の柱や梁のように細胞が形態を維持する機能を司っており，特に細胞壁を持たない動物細胞において重要な役割を果たします。細胞骨格は真核細胞の細胞小器官の配置も制御しています。細胞小器官は細胞内にランダムに存在するわけではなく，細胞骨格によって組織的に配列されています。

細胞骨格は，極めて動的な構造体でもあります。細胞が形を変えたり，分裂したり，あるいは環境の変化に応答する際に，細胞骨格は常時作り直されます。たとえるなら，細胞骨格は細胞の骨であるだけでなく，筋肉の機能も持ち合わせているのです。実際に，免疫細胞のひとつであるマクロファージは病原体を貪食する際に動き回りますが，その動きには細胞骨格が関わっています。また，筋細胞の収縮や精子の運動などの細胞運動も細胞骨格によるものです。細胞骨格がなければ傷は治らず，筋肉は収縮できず，精子は卵に到達することができないといえるでしょう。このような細胞運動は，細胞骨格の存在だけではなく，細胞内のエネルギー通貨であるATPの化学エネルギーを運動エネルギーへと変換するタンパク質が重要な役割を果たします。このような機能を持ったタンパク質は，特にモータータンパク質と呼ばれます。

細胞骨格は，アクチンフィラメント，中間径フィラメント，微小管と呼ばれる3種類のタンパク質繊維で構成されています（図42）。この3種類の繊維は，機械的な特性や大きさが異なるだけでなく，それぞれ異なる，数千個ものタンパク質から構成されています。アクチンフィラメントは，3種類の細胞骨格の中で最も直径の小さい（5～9 nm）繊維です。細胞の表層に多く，アクチンと呼ばれる球状のタンパク質が集まって構成されます。特に，アクチンフィラメントと相互作用して運動を行うモータータンパク質として，ミオシンが知られます。アクチンとミオシンはほとんどの細胞に存在していて，細胞の移動や分裂など，さまざまな細胞運動に関わります。また，筋肉組織の収縮運動は，アクチンフィラメントとミオシンの相互作用で調節されています。

中間径フィラメントは，アクチンフィラメントと微小管の中間の直径（10 nm）を持ち，繊維状のタンパク質から構成されています。特に細胞の強度の維持や，細胞同士の接着に重要な役割を担います。

微小管は，3 種類の細胞骨格の中で最も直径の大きい（24 ～ 25 nm）繊維です。球状のタンパク質である**チューブリン**が集まって構成されており，核の近くに存在する中心体から放射状に伸びています。微小管と相互作用して運動するモータータンパク質には，**ダイニン**と**キネシン**の 2 種類があります。微小管とダイニン，キネシンは，細胞小器官の移動，小胞輸送やタンパク質の運搬などのさまざまな機能を果たしており，特に，精子やミドリムシの運動を調節する鞭毛（べんもう）でのはたらきがよく知られます。

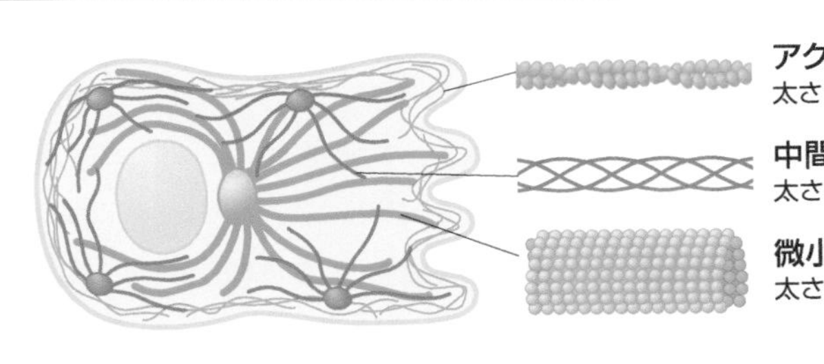

図 42　細胞骨格繊維の細胞内の分布

POINT 42

- 細胞骨格は，真核細胞が形態を維持したり，運動したりするために重要な構造体である。細胞骨格には，アクチンフィラメント，中間径フィラメント，微小管の 3 種類がある。
- モータータンパク質は，細胞内の化学エネルギーを運動エネルギーに変えて，細胞の運動を発生させるタンパク質である。

Stage 43 微小管

αチューブリンとβチューブリンの二量体

微小管は，核の近くにある中心体から細胞質全体に向けて放射状に伸びる細胞骨格です。細胞小器官や小胞体は，この微小管と結合することで配置が制御されているほか，移動するときは微小管に沿って運ばれます。このStageでは，微小管が細胞内でどのように形成されるのか学びます。

微小管は細胞骨格の中で最も直径の大きい（24～25 nm）繊維であり，球状のタンパク質である**αチューブリン**と**βチューブリン**が連なってできています。微小管構造の最小単位は，このαチューブリンとβチューブリンが結合して形成した二量体です（図43-A）。二量体同士が鎖のように結合していくと，αチューブリンとβチューブリンが交互に並んだひものような構造になります。これを**原繊維**といいます。微小管はこの原繊維が円形に13本並ぶことで，管状になっています。原繊維には，一方の端にαチューブリン，もう片方にβチューブリンが現れるという特徴があります。この性質を**極性**といい，βチューブリンが存在する微小管の末端を**プラス端**，αチューブリンが存在する微小管の末端を**マイナス端**と呼びます。微小管の形成は，中心体から始まります。中心体内にチューブリン二量体が1つずつ結合して，細胞膜の方向へと微小管が伸張するのです。このとき，微小管はプラス端を外側にして伸びていきます（図43-B）。

微小管は，細胞の形態を維持するために重要な細胞骨格ですが，その構造はずっと維持されているわけではありません。細胞の形態を変えたり，細胞小器官を移動したりするために，再構築されることがあります。再構築が可能なのは，微小管は伸長するだけではなく，短くなる性質もあるためです。つまり，チューブリン二量体は微小管に結合するだけではなく，外れることもあるのです。この微小管の特徴を**動的不安定性**と呼びます。

動的不安定性には，チューブリン二量体が持つGTPの加水分解の機能が関係しています。二量体中のβチューブリンには，GTPかGDPが1分子結合しており，GTPが結合した二量体は微小管に強く結合する一方で，

GDP が結合した二量体は結合が弱いという特徴があります。GTP が結合した二量体が伸張している微小管に結合すると，その二量体中のβチューブリンは，自分の持つ GTP を加水分解して GDP に変換しようとします。ここで微小管の伸長が急速に起きている場合，GTP が GDP に変換されるより早く次の二量体がプラス端に結合します。GTP の加水分解は繊維中では起こらないので，結合が強いまま伸長が続きます（図 43-C）。もし，次の二量体が結合する前に，末端の二量体が自分の持つ GTP を加水分解した場合，結合が弱くなって，チューブリン二量体の結合が外れていき，微小管は短くなっていきます（図 43-D）。この伸び縮みする性質を使って，細胞は微小管の長さや構造を制御します。

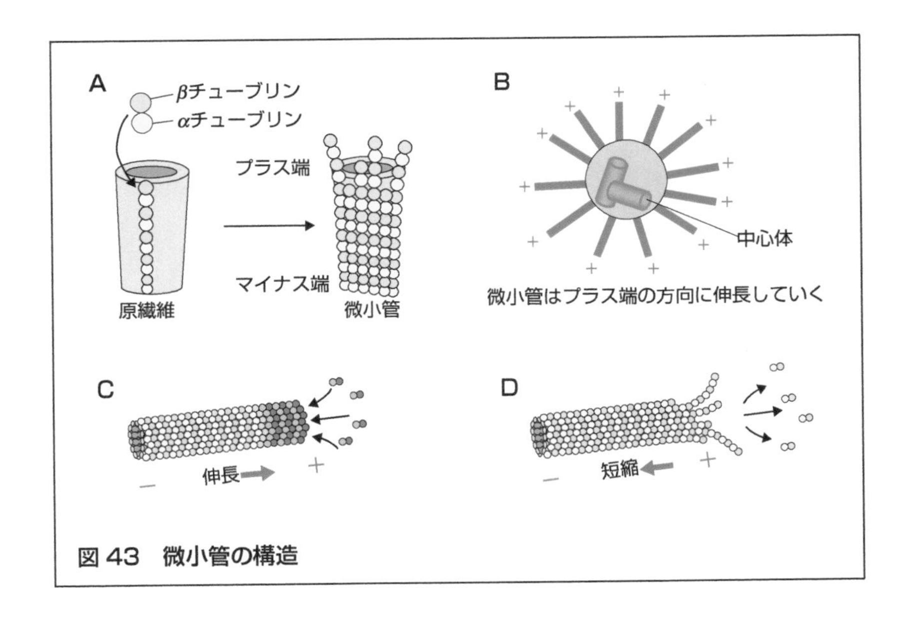

図 43　微小管の構造

POINT 43

◆ 微小管はαチューブリンとβチューブリンから構成される。微小管の構造は動的不安定性があり，伸びたり縮んだりする。細胞が形態を変化したり，細胞小器官が動いたりすることができるのは，この伸び縮みが制御されているためである。

Stage 44 キネシンとダイニン

微小管に沿って動くモータータンパク質

細胞を光学顕微鏡で観察すると，細胞質内でさまざまな細胞小器官が絶え間なく動く様子を観察できます。細胞小器官の動きは，ブラウン運動のようなランダムで方向性のない動きではなく，持続的で方向性のある動きです。細胞内においてこのような動きを引き起こすのがモータータンパク質です。モータータンパク質は，ATPを加水分解して得られる化学エネルギーを運動エネルギーに変換して，細胞骨格の上を決まった方向に動くことができます。また，細胞のさまざまなタンパク質と結合して，積み荷を輸送するように細胞骨格の上を移動します。このStageでは，微小管に沿って移動するモータータンパク質である，**キネシン**と**ダイニン**を紹介します。

キネシン

キネシンは，一般的に微小管の上をマイナス端からプラス端に向かって動くモータータンパク質で，1つの尾部と，2つの球状の頭部のような構造を持っています。尾部には輸送小胞や細胞小器官と結合する部分があり，これらを積み荷のように運ぶことができます。2つの頭部には，ATPを加水分解してエネルギーを得る部分と，微小管に結合する部分がそれぞれにあります。キネシンはこの特徴的な2つの頭部を使って，まるで二足歩行するかのように微小管の上を移動します（図44左）。

ダイニン

もうひとつのモータータンパク質は，ダイニンです。ダイニンは，キネシンと同様に微小管上を運動します。移動方向はキネシンと逆で，微小管のプラス端からマイナス端に向かって移動します（図44右）。ダイニンはキネシンよりも巨大かつ複雑で，2つの頭部リングと呼ばれる構造を持っているほか，そこから突き出した腕のような構造のストークを持ちます。

このストークの先端が微小管と相互作用をします。ダイニンの尾部は，キネシンと同様に輸送小胞や細胞小器官などの積み荷と結合する部分を持ちます。

細胞の中でも特に大きな神経細胞においては，細胞内の輸送が非常に重要です。特に神経細胞の突起状の構造である軸索は，長いもので 1 m になることもあります。この長い軸索には微小管が走っていて，キネシンとダイニンが物質を輸送します。軸索の末端に向けての輸送はキネシン，軸索の末端からの輸送はダイニンが行います。

また，ダイニンが生体内で果たす役割は細胞内輸送だけではありません。ダイニンの中には，精子や原核生物が持つ鞭毛の運動を起こすものや，絨毛（せんもう）（気管から異物を取り除いたり，排卵された卵を受精しやすい場所へと輸送したりする機能を持つ構造）の運動に重要なものもあります。人間社会において物流は非常に重要ですが，細胞における細胞運動や小胞輸送も，生命機能にとって非常に重要なのです。

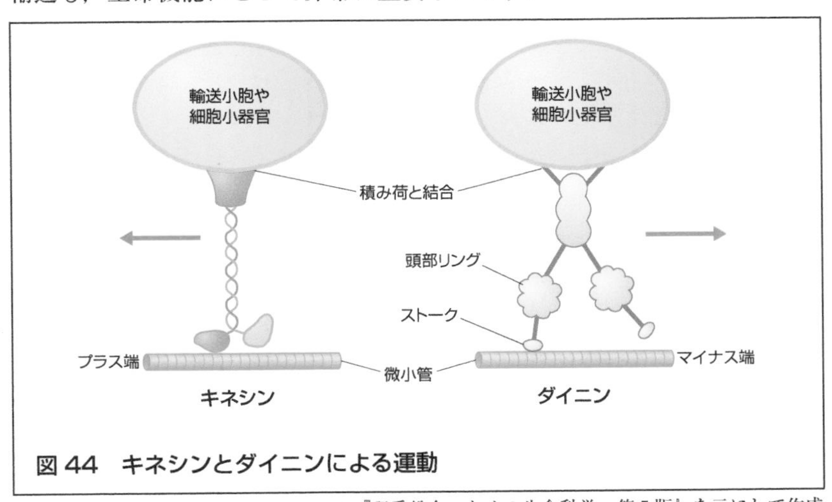

図 44　キネシンとダイニンによる運動

※『理系総合のための生命科学　第 5 版』を元にして作成

POINT 44

- 微小管に沿って動くモータータンパク質にはキネシンとダイニンの 2 種類があり，細胞小器官や輸送小胞を積み荷のように運ぶ。
- キネシンは微小管上をマイナス端からプラス端に向かって移動する。ダイニンは逆に，プラス端からマイナス端に向かって移動する。

Stage 45 アクチンフィラメント

G アクチンが連なったもの

アクチンフィラメントは，球状のタンパク質である **G アクチン**がらせん状に連なった直径 5 〜 9 nm の繊維であり，細胞骨格の中では最も直径が小さいことで知られます。アクチンフィラメントは微小管と同じく動的不安定性を持ちますが，他のタンパク質と結合して安定な構造をとることもあります。アクチンフィラメントのはたらきとしては，筋細胞の収縮装置としての機能や，細胞の分裂時に細胞質を分割する際の機能がよく知られます。

アクチンフィラメントは，微小管と同様にプラス端とマイナス端の極性を持ちます。G アクチンはアクチンフィラメントの両端に結合して伸張しますが，マイナス端よりもプラス端の伸張速度のほうが大きくなります。このプラス端とマイナス端の伸張速度の違いが，アクチンフィラメントの運動機能には重要です。詳しく見ていきましょう。

細胞内の G アクチンには ATP か ADP が 1 分子結合しており，ATP が結合している G アクチンはアクチンフィラメントに強く結合する一方で，ADP が結合している G アクチンはアクチンフィラメントに弱く結合するという特徴があります。また，チューブリン二量体が GTP を加水分解するように，G アクチンも ATP を加水分解します。ここで，アクチンフィラメントのプラス端に ATP が結合している G アクチンが結合すると，G アクチンはゆっくりと ATP を ADP に加水分解します（分単位）。こうして ADP と結合した G アクチンは，結合力が弱いためアクチンフィラメントのマイナス端から外れていきます。そのため，全体としてはアクチンフィラメントがマイナス端からプラス端へと移動していくように見えます。この現象を**トレッドミル現象**と呼びます（図 45-A）。

動物細胞には高濃度の G アクチンが存在しますが，すべてがアクチンフィラメントになるわけではありません。アクチンフィラメントと結合して，それ以上 G アクチンが結合したり，外れたりするのを防ぐタンパク質が細胞質に存在するためです。これらのタンパク質によって，アクチンフィラメントの構造は安定化します。逆に，アクチンフィラメントと結合して，伸長を促進するタンパク質もあります。これらのタンパク質は**アクチン結合タンパク質**と呼ばれます。アクチン結合タンパク質によって，アクチンフィラメントは束ねられて安定化したり，規則的に伸張したり，網目のような複雑な構造をとることが可能になるのです（図45-B）。

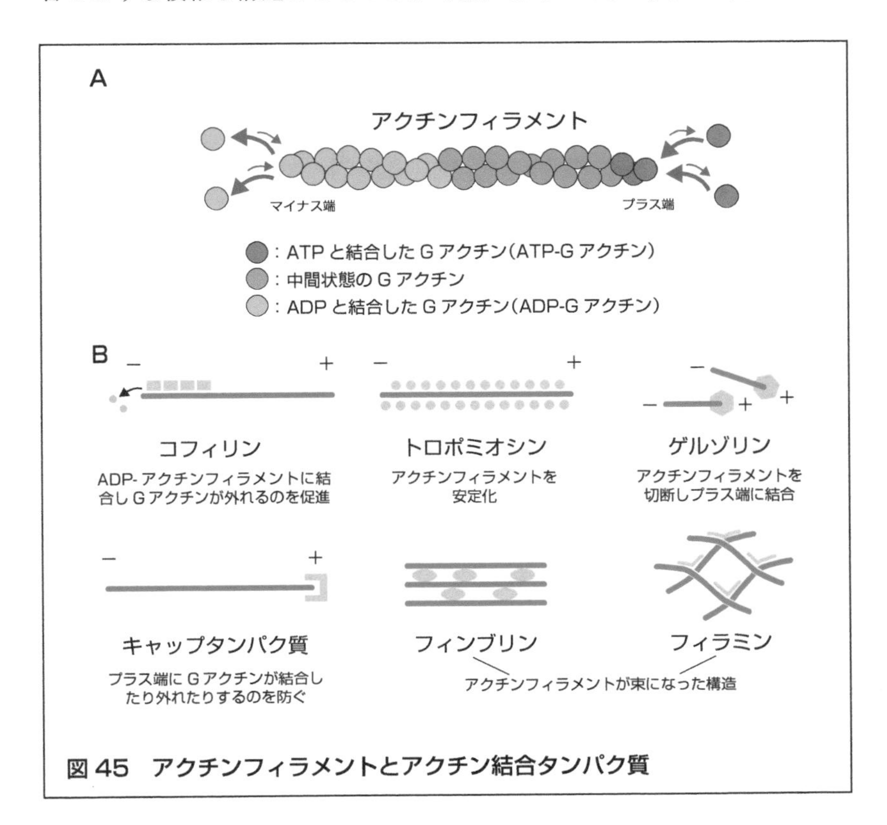

図45　アクチンフィラメントとアクチン結合タンパク質

POINT 45

- アクチンフィラメントは，Gアクチンが多数連なってできる細胞骨格である。細胞骨格の中では最も直径が小さい。
- マイナス端とプラス端で伸張速度が異なり，マイナス端からGアクチンが外れやすいため，全体としてプラス端方向へ移動していく。これをトレッドミル現象という。

Stage 46 ミオシン

細胞内輸送や細胞形態，筋収縮を調節するしくみ

アクチンフィラメント上で機能するモータータンパク質は**ミオシン**です。ミオシンは，ATPを加水分解して得られるエネルギーを用いて運動します。キネシンが微小管上をプラス端方向に移動するのと同様に，ミオシンはアクチンフィラメント上をプラス端方向に移動します。細胞にはさまざまな種類のミオシンが存在しますが，生体内で多く見られるのは**Ⅰ型ミオシン**と**Ⅱ型ミオシン**です。このStageでは，この2つのミオシンの運動を紹介します。

Ⅰ型ミオシンは，1つの球状の頭部と尾部から構成されています（図46-A）。頭部は，アクチンフィラメントに結合する機能と，ATPを加水分解する機能を持っています。一方の尾部は，細胞内の他の分子や細胞小器官と結合します。この尾部は細胞の種類によって構造が異なるため，細胞によってⅠ型ミオシンが輸送する積み荷も変わります。例えば，特定の輸送小胞と結合し，アクチンフィラメントに沿って細胞内を輸送することもあれば，細胞膜に尾部を結合させ，細胞膜直下に存在する網目状のアクチンフィラメントに頭部を結合することで，細胞膜を引っ張って細胞を変形させることもあります。いずれの場合でも，ミオシンの頭部は常にアクチンフィラメントのプラス端に向かって動きます（図46-B）。

筋細胞の収縮運動に関与するのがⅡ型ミオシンです。Ⅱ型ミオシンは，球状の2つの頭部とねじれた長い尾部を持ち（図46-C），尾部同士で結合することで，たくさんの頭部が突き出た繊維状の構造の**ミオシンフィラメント**を形成します（図46-D）。このミオシンフィラメントは，中央を境にミオシンの向きが逆転した，両極性の太い構造になっています。

アクチンフィラメントとミオシンフィラメントによる筋肉の収縮について見ていきましょう。筋細胞の収縮装置の最小単位は**サルコメア**と呼ばれる構造で，アクチンフィラメントとミオシンフィラメントが交互に整然と並びます。アクチンフィラメントはサルコメアの端から中央に向かって伸

びていて，マイナス端がミオシンフィラメント末端と重なっています。

筋細胞が運動神経から刺激を受けると，ミオシンフィラメント上のミオシン頭部がアクチンフィラメントに対して結合と解離を繰り返して，プラス端に向かって歩くように運動します（図46-E）。すると，ミオシンフィラメントはアクチンフィラメント上を滑って，サルコメアが縮みます。また，筋細胞が刺激を受けると，細胞質にCa^{2+}が放出されます。このCa^{2+}がセカンドメッセンジャーとしてはたらいて，細胞内のサルコメアの収縮は一斉に起こります。筋肉が大きな収縮力を生むのはこのためです。

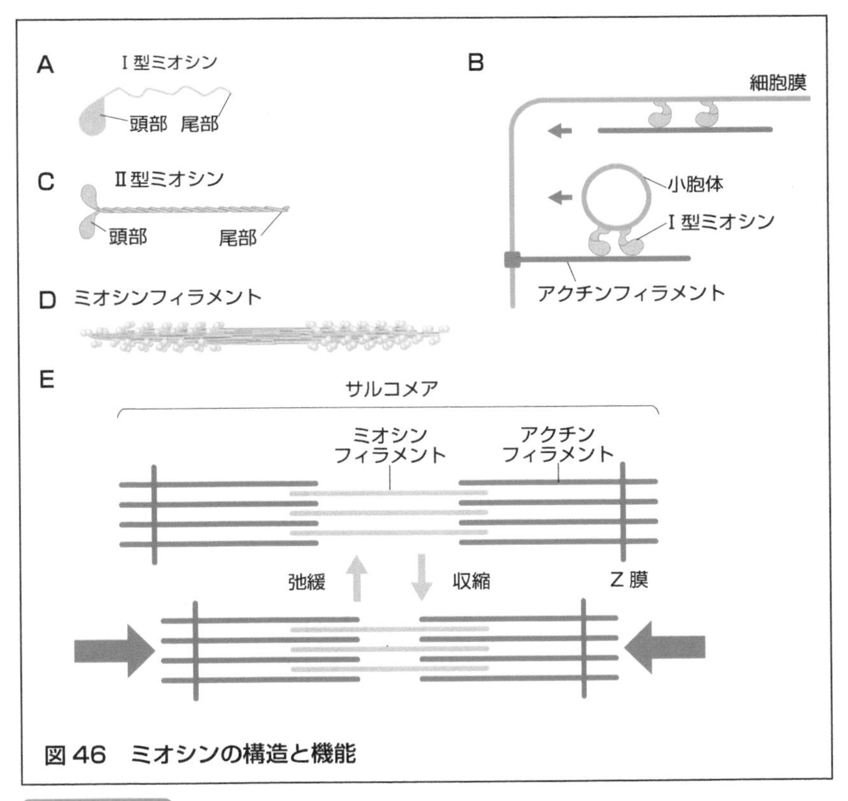

図46　ミオシンの構造と機能

POINT 46

◆ I型ミオシンは，細胞内輸送や細胞の形態変化を調節する。
◆ II型ミオシンは，ミオシンフィラメントを形成する。アクチンフィラメントとともに，筋肉の収縮装置としてはたらく。

Stage 47 中間径フィラメント

外力を分散させるしくみ

中間径フィラメントの直径は，その名の通りアクチンフィラメントと微小管の中間（約 10 nm）です。微小管やアクチンフィラメントと比較すると非常に柔軟で，引っ張り強度に優れており，変形することはあっても断裂することはありません。このため，細胞を引き伸ばすような外力から細胞を守るのが主な機能です。また，中間径フィラメントは植物細胞には存在しないことが知られています。動物細胞の細胞質に存在しており，核の周囲から細胞の辺縁部まで網目状に広がって，細胞同士が細胞膜で結合する構造を形成したり，核膜を補強する細かい網目構造を形成したりします。

中間径フィラメントは，長いひもをたくさんより合わせたロープに似ています。中間径フィラメントのサブユニットである**中間径フィラメントタンパク質**は細長い構造をしており，中間径フィラメントはこれをたくさんより合わせたロープのような細胞骨格です（図 47）。中間径フィラメントタンパク質の種類は細胞ごとに異なるため，細胞によってはたらく場所や網目の張り巡らせ方などが異なります。以下に例を挙げます。

(1) ケラチンフィラメント

爪や髪，表皮などの細胞に存在する。引き伸ばされる力を分散する。

(2) ビメンチン

結合組織や筋細胞などに存在する。

(3) ニューロフィラメント

神経細胞に存在する。

(4) 核ラミナ

多くの細胞の核膜に存在する。網目構造で核膜を強化する。

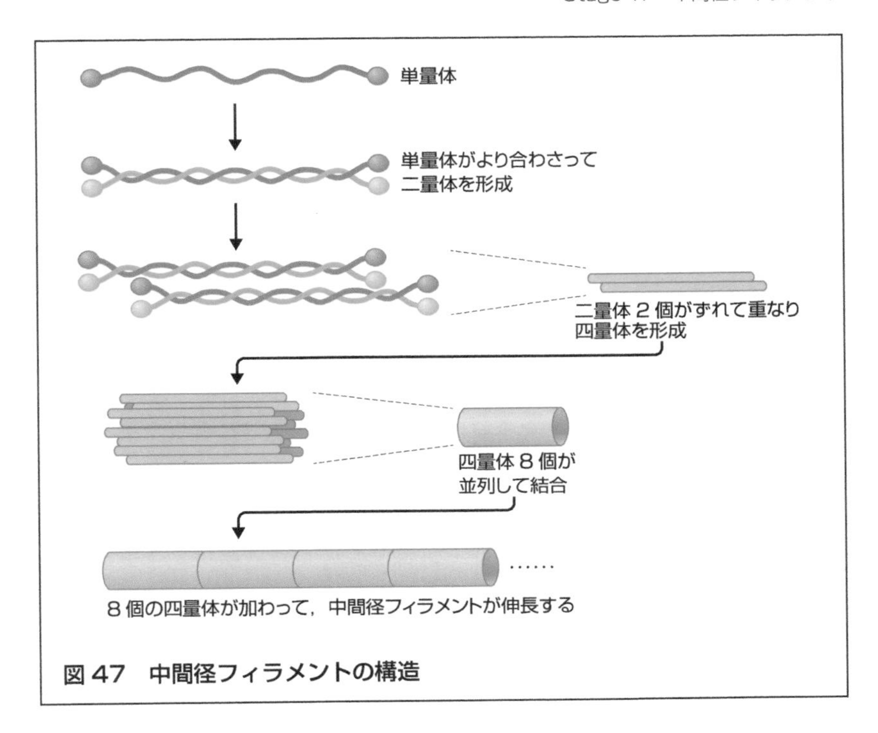

図 47　中間径フィラメントの構造

POINT 47

◆ 中間径フィラメントは，中間径フィラメントタンパク質がより合わさってできる細胞骨格である。細胞を引き伸ばすような外力を分散したり，細胞の構造を補強したりする役割を持つ。

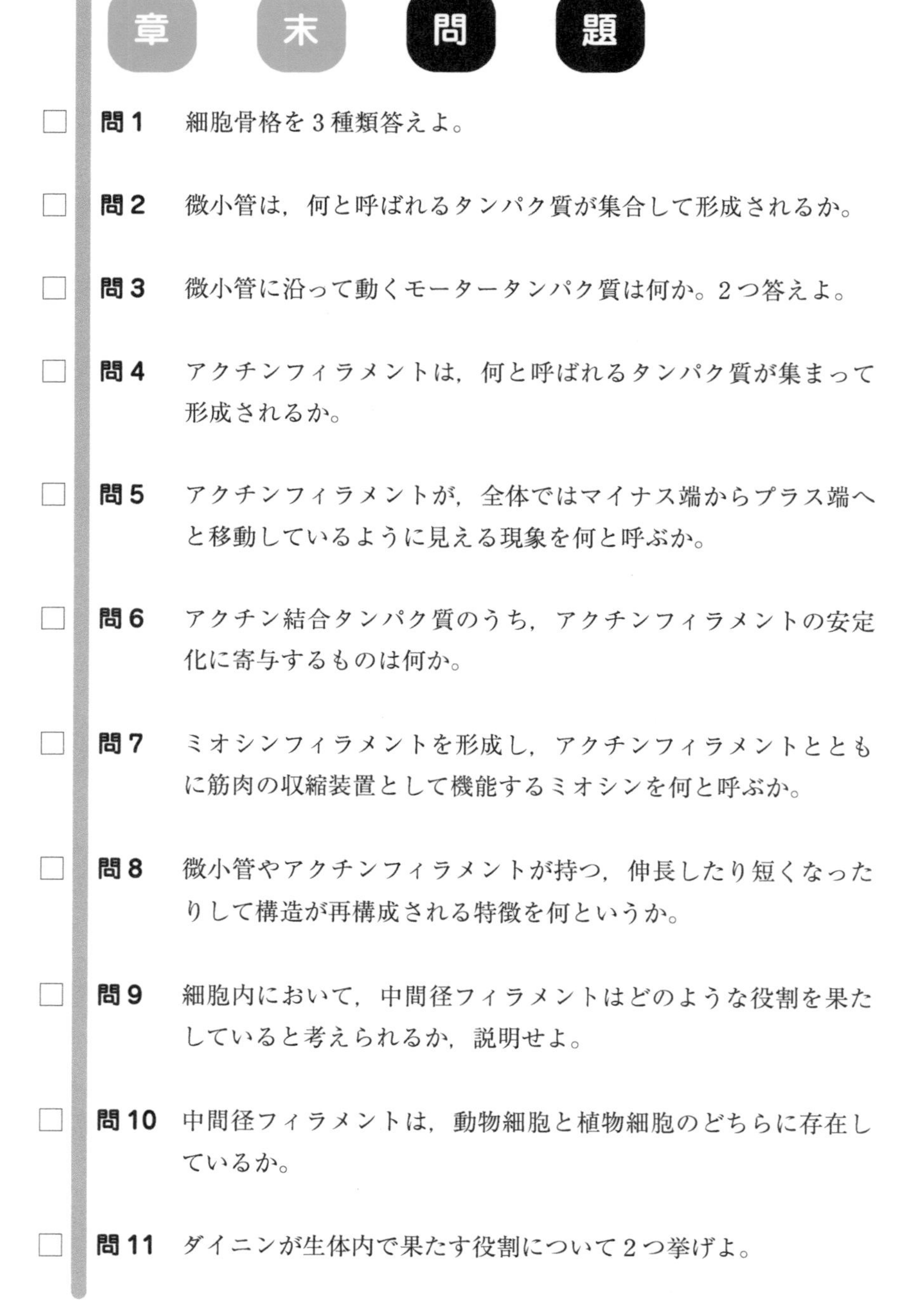

章末問題

□ **問1** 細胞骨格を3種類答えよ。

□ **問2** 微小管は，何と呼ばれるタンパク質が集合して形成されるか。

□ **問3** 微小管に沿って動くモータータンパク質は何か。2つ答えよ。

□ **問4** アクチンフィラメントは，何と呼ばれるタンパク質が集まって形成されるか。

□ **問5** アクチンフィラメントが，全体ではマイナス端からプラス端へと移動しているように見える現象を何と呼ぶか。

□ **問6** アクチン結合タンパク質のうち，アクチンフィラメントの安定化に寄与するものは何か。

□ **問7** ミオシンフィラメントを形成し，アクチンフィラメントとともに筋肉の収縮装置として機能するミオシンを何と呼ぶか。

□ **問8** 微小管やアクチンフィラメントが持つ，伸長したり短くなったりして構造が再構成される特徴を何というか。

□ **問9** 細胞内において，中間径フィラメントはどのような役割を果たしていると考えられるか，説明せよ。

□ **問10** 中間径フィラメントは，動物細胞と植物細胞のどちらに存在しているか。

□ **問11** ダイニンが生体内で果たす役割について2つ挙げよ。

□ **問 12** 筋細胞の収縮装置の最小単位のことを何と呼ぶか。

□ **発展** 早老症と呼ばれるまれな疾患では，生後 18 ～ 24 カ月で早くも老化の特徴が表れ始める。具体的には，皮膚にしわがより，歯や毛髪が抜け，10 代になるまでに重い心血管疾患を発症する場合もある。この疾患は，核ラミナ形成に関わる中間径フィラメントの遺伝子（ラミン A）の変異が原因のひとつだと考えられている。なぜ，中間径フィラメントの遺伝子に変異があると，このような疾患が引き起こされるのか説明せよ。

解 答

問 1　アクチンフィラメント，中間径フィラメント，微小管
問 2　α チューブリンと β チューブリン
問 3　キネシンとダイニン
問 4　G アクチン
問 5　トレッドミル現象
問 6　トロポミオシン
問 7　Ⅱ型ミオシン
問 8　動的不安定性
問 9　細胞を引き伸ばすような外力を分散したり，細胞の構造を補強したりする役割。
問 10　動物細胞
問 11　精子の鞭毛運動，気管から異物を取り除くための繊毛運動
問 12　サルコメア
発展　中間径フィラメントは，核ラミナと呼ばれる核膜の裏打ち構造を形成する。早老症は，核ラミナを形成する中間径フィラメントの遺伝子が変異することで，核ラミナおよび核膜が正常に形成されず，その結果，細胞分裂の異常や組織修復能力の低下が起きることが原因ではないかと考えられている。

□ 細胞周期
□ サイクリン
□ 細胞分裂の流れ
□ 染色体の凝縮と紡錘体の形成
□ 染色体の分離
□ 細胞質の分裂
□ 減数分裂
□ 章末問題

Chapter 8
細胞周期と細胞分裂

1839年，ドイツの植物学者シュライデンは，植物の発生過程を調べて，「植物の基本的単位は細胞であり，生命活動を営む最小単位である」という細胞説を唱えました。さらに1855年，ドイツの病理学者ウィルヒョウは，「すべての細胞は細胞から生じる」という標語を唱え細胞説を発展させました。このChapterでは，生命の最小単位である細胞がどのような過程を経て分裂を繰り返すのかについて学びます。

Stage 48 細胞周期

細胞が2つに分裂する過程

1つの細胞が分裂して2つの細胞になり，再び分裂するまでの過程を細胞周期と呼びます。細胞周期には，染色体が持つDNAの正確なコピーをつくり，細胞内の構成物質を倍加して，細胞質を2つに分割し，遺伝的に同一な2つの娘細胞をつくるという一連の過程があります。

細胞周期は，細胞内部の状態により，4つの時期に分けることができます。DNAの合成に必要なタンパク質などを準備するG_1期（Gap 1），DNAを合成するS期（Synthesis），細胞分裂に必要な物質を準備するG_2期（Gap 2），そして分裂を行うM期（Mitosis）の4つの時期です。なお，G_1期，S期，G_2期をまとめて間期と呼びます。ヒトの培養細胞の場合，およそ24時間で細胞周期が一周しますが，そのうち間期が約23時間を占めます（図48）。

G_1期とG_2期は，単なる分裂までの待ち時間ではありません。S期やM期に突入する前に，細胞内外の状況をチェックし，分裂の準備が適切に完了しているかどうかを確認する期間です。特にG_1期は，他の細胞や細胞外の状況によって，その期間が大きく変化します。例えば，細胞外の環境が良くない場合は，G_0期と呼ばれる特殊な非増殖状態に移行します。そして，細胞外の環境が改善して分裂に適した状況になったり，細胞分裂を促すシグナルを受けたりすると，細胞周期が再開されます。

この細胞周期は，単に一方向に動いているわけではありません。この周期の間には，細胞周期が正しく進行しているかどうかをチェックする関門があります。この関門のことをチェックポイントと呼びます。例えば，G_1期からS期に移行する際のチェックポイントでは，「DNAに損傷がないか」「十分なヌクレオチドが細胞内に存在するか」「細胞の大きさは問題ないか」などをチェックします（表48）。もし各チェックポイントで異常があれば，細胞周期の進行を遅らせたり，あるいは停止したりして，正常に分裂できるように修復を試みます。そして，もし修復ができない場合は，アポトーシスと呼ばれる細胞死が起こり，細胞は取り除かれます。

このように細胞周期は厳密に調節されていますが，遺伝子に修復できない傷を受けることで，時折，無限に増殖する細胞が発生することがあります。これががん細胞です。これからの Stage では，細胞周期がどのように進んでいくのか，その詳細を見ていきましょう。

表 48　細胞周期のチェックポイント

チェックポイント	確認事項
G_1/S 期チェックポイント	DNA に損傷がないか？ 十分な量のヌクレオチドが細胞内に存在するか？ 細胞の大きさは問題ないか？
S 期チェックポイント	DNA の複製に不具合はないか？
G_2/M 期チェックポイント	DNA に損傷はないか？
M 期チェックポイント	すべての染色体に紡錘体が結合しているか？

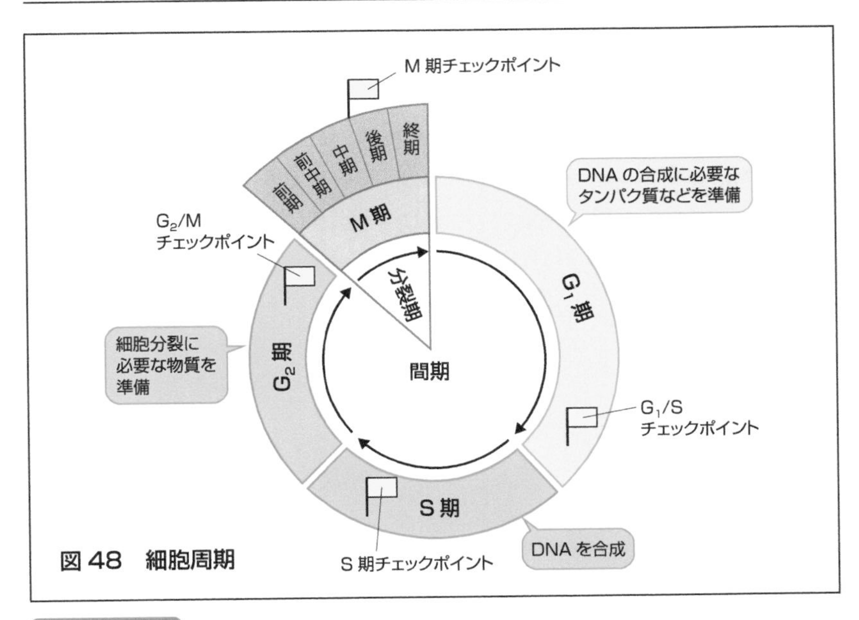

図 48　細胞周期

POINT 48

- 細胞が分裂して 2 つの細胞になり，再び分裂するまでの過程を細胞周期という。細胞周期は G_1 期，S 期，G_2 期，M 期に分けられる。
- 各期にはチェックポイントが設けられており，異常があった場合には修復を試みたり，アポトーシスで細胞を取り除いたりする。

Stage 49 サイクリン

細胞周期を調節するタンパク質

アフリカツメガエルの卵は直径が1 mmほどあるため，顕微鏡で細胞周期を容易に観察することができます。当時アメリカのイェール大学で研究していた増井禎夫博士は，M期のアフリカツメガエルの卵の細胞質を他のアフリカツメガエルの卵母細胞（受精前の未成熟な細胞）に注入すると，M期がすぐに開始されることを見出しました。やがてこの現象は，真核生物に普遍的に存在する**サイクリン**というタンパク質と，**サイクリン依存タンパク質キナーゼ**（**Cdk**：cyclin-dependent protein kinase）というタンパク質が，M期を誘導しているためだということが分かりました。

サイクリンは，細胞周期に伴って細胞内での濃度が変化するという特徴を持ったタンパク質です。一方のCdkの濃度は細胞周期では変化しませんが，Cdkはサイクリンと結合して複合体を形成することで，初めてキナーゼとしての活性を持ちます。このように，サイクリンと結合してCdkが活性を持った複合体を，**サイクリン-Cdk複合体**といいます。サイクリンが細胞周期に応じて濃度が変化すると，サイクリン-Cdk複合体の活性も変化するため，各細胞周期特有の現象が制御されるのです（図49）。

のちに，このサイクリンやCdkにはさまざまな種類があることが分かりました。細胞周期の各段階は，異なるサイクリン-Cdk複合体によって制御されているのです。例えば，細胞がDNA複製の準備を整えてG_1/S期チェックポイントをクリアすると，サイクリンEの細胞内での濃度が高まって，Cdkと結合することでCdkを活性化し，細胞周期をS期に進めるように機能します。続いて細胞がDNAを複製してS期チェックポイントをクリアすると，サイクリンAの濃度が高まってCdkを活性化するようになり，細胞はG_2期に進みます。G_2期で分裂の準備が整い，G_2/M期チェックポイントをクリアすると，今度はサイクリンBの濃度が高まって，Cdkを活性化し，M期の**有糸分裂**と呼ばれる細胞分裂が開始します。

このように，これらのさまざまなサイクリン-Cdk複合体が活性を変化させることによって，細胞周期の異なる過程を進行させるのです。また，ここではCdkを1種類のみで説明しましたが，実際にはCdk1，Cdk2，Cdk4，Cdk6などの異なるCdkが，各サイクリンと複合体を形成して機能しています。また，Cdkのはたらきを阻害するタンパク質や，逆に活性化するタンパク質なども見つかっていることからも，細胞周期が極めて複雑に制御されていることが分かります。

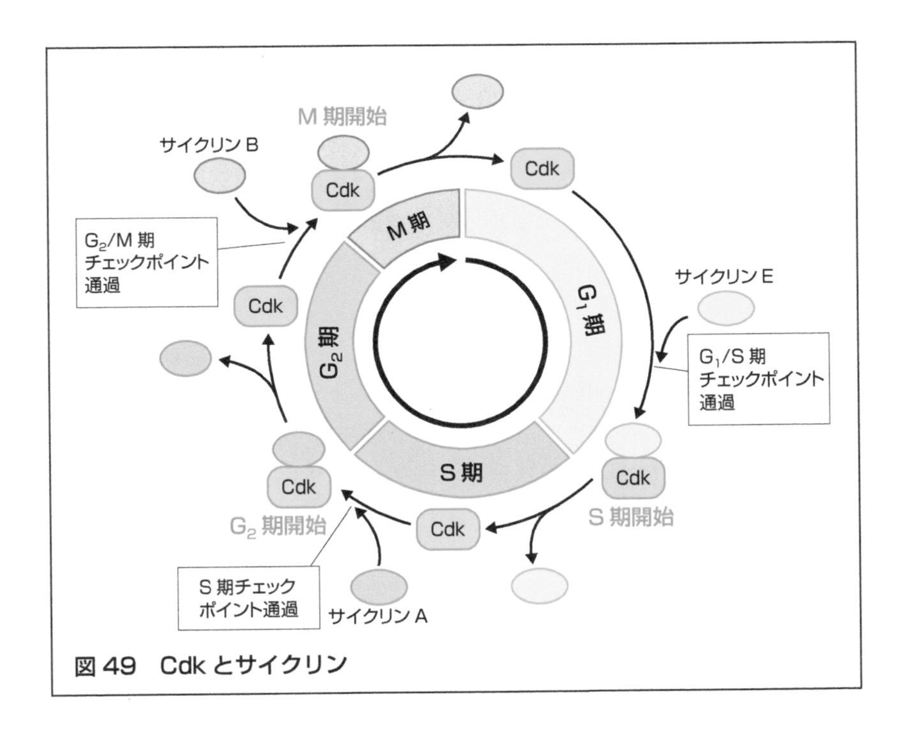

図49　Cdkとサイクリン

POINT 49

- 細胞周期は，サイクリンとCdkが形成するサイクリン-Cdk複合体によって制御されている。S期の開始にはサイクリンE，G_2期の開始にはサイクリンA，M期の開始にはサイクリンBが関わっている。
- Cdkのはたらきを阻害するタンパク質や，活性化するタンパク質などもあり，細胞周期は極めて複雑に制御されている。

Stage 50 細胞分裂の流れ

有糸分裂期に見られる構造

M 期（分裂期）の染色体は倍加して凝縮するため，顕微鏡下でひも状の構造として観察されます。この構造はM 期を通して劇的に変化するため，この変化に合わせて，M 期をより細かく，**前期**，**前中期**，**中期**，**後期**，**終期**に分けることがあります。各段階で何が起きるのか見ていきましょう（図 50）。

前期では，核内で複製された染色体が凝縮し始め，2 つの**姉妹染色分体**を形成します。さらに，染色分体のセントロメアに複数のタンパク質が結合して，円盤形の構造である**動原体**が形成されます。一方，核外では，2 個の中心体の間で有糸分裂のための**紡錘体**が微小管によって形成され始めます。前中期では，核膜の崩壊が始まります。染色分体は動原体を介して紡錘体に接着し，細胞内で活発に動き始めます。中期になると，染色体は紡錘体極の中間にある紡錘体赤道面に整列し始めます。また，動原体の微小管が 2 個の姉妹染色分体をそれぞれ反対方向の紡錘体極に付着させます。

後期になると，姉妹染色分体は，同時に分離して 2 組の娘染色体を形成し，それぞれの紡錘体極へとゆっくり引っ張られます。それに伴い，動原体微小管は短くなり，紡錘体極も離れていきます。終期では，2 組の娘染色体が紡錘体極に達して，凝縮が解かれます。そして，それぞれに新たな核膜が出現して娘染色体を取り囲み，2 個の細胞核が形成されると，有糸分裂が終了します。動物細胞では，このあと，**細胞質分裂**という過程で細胞質が収縮環によってくびれて二分割され，細胞が分裂します。

このように，M 期は前期→前中期→中期→後期→終期という過程で進行します。なお，この過程は一方向にしか進みません。

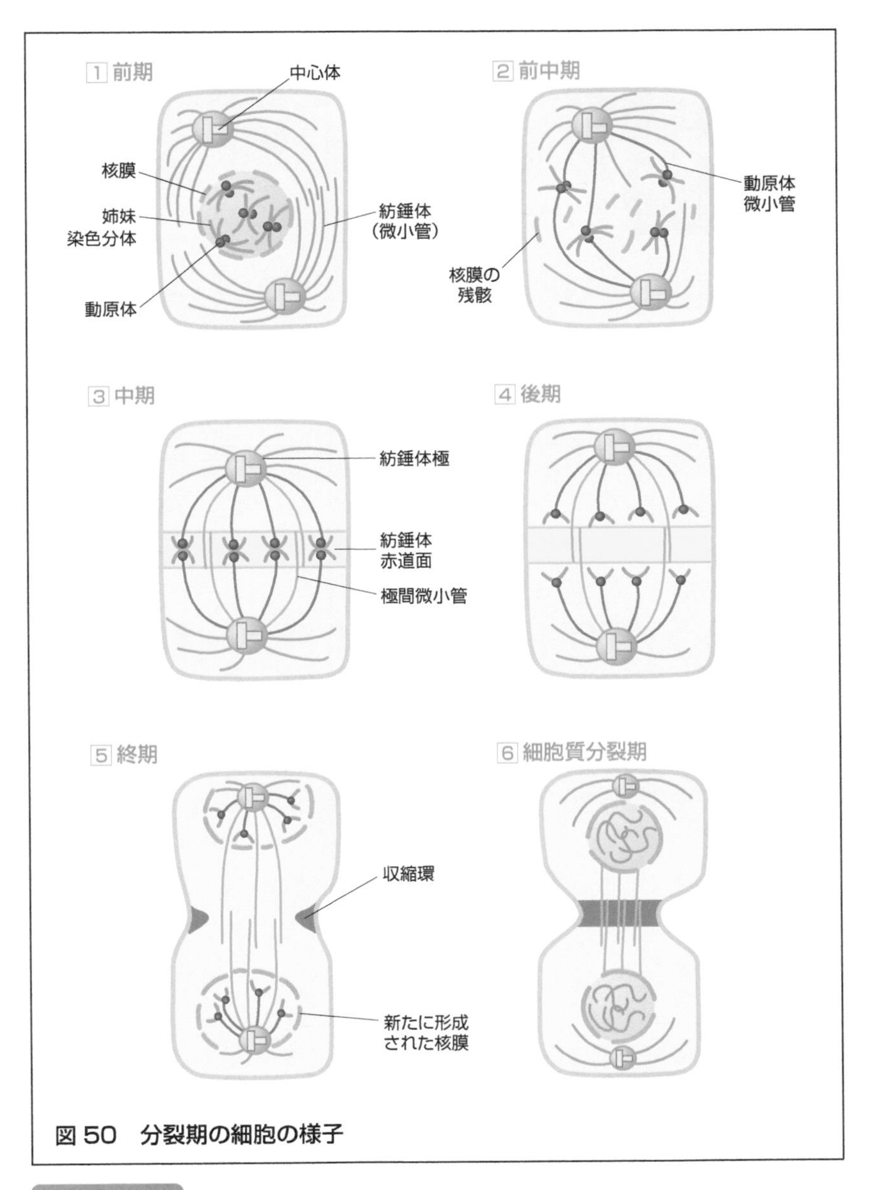

図 50　分裂期の細胞の様子

POINT 50

◆ M 期は前期→前中期→中期→後期→終期という過程で進行する。各過程は，染色体の構造や位置の変化によって区別される。

◆ 各期では，動原体や紡錘体，収縮環といった構造が現れる。

Stage 51 染色体の凝縮と紡錘体の形成

コヒーシンとコンデンシン

このStageからは，細胞分裂の各段階について詳しく見ていきましょう。

S期の終わりに，複製された各染色体は，同じ姉妹染色分体同士で接着し合います。これは，複製を終えたあとの各染色体がバラバラに動いてしまうと，正しく分離するのが難しくなってしまうためです。この姉妹染色分体同士の接着は，コヒーシンという大きなタンパク質複合体が行っています。ちょうど，姉妹染色分体同士をコヒーシンという輪ゴムでまとめているようなイメージです（図51.1-A）。

細胞がM期に差し掛かると，細胞内では倍加した染色体が凝縮して，ひも状の構造になり始めます。こうして有糸分裂する染色体を小型の構造体へ凝縮することで，M期の非常に混雑した細胞の中でも容易に分裂が行えるようになります。この染色体の凝縮には，コンデンシンと呼ばれる環状のタンパク質複合体が関わっています。サイクリンによる合図を受けると，コンデンシンは各姉妹染色分体上に集合して，DNAの二重らせんをよりコンパクトに巻き上げることで凝集させます（図51.1-B）。このように，コヒーシンもコンデンシンも，有糸分裂をしやすくするために染色体の形を変える手助けをしているのです。

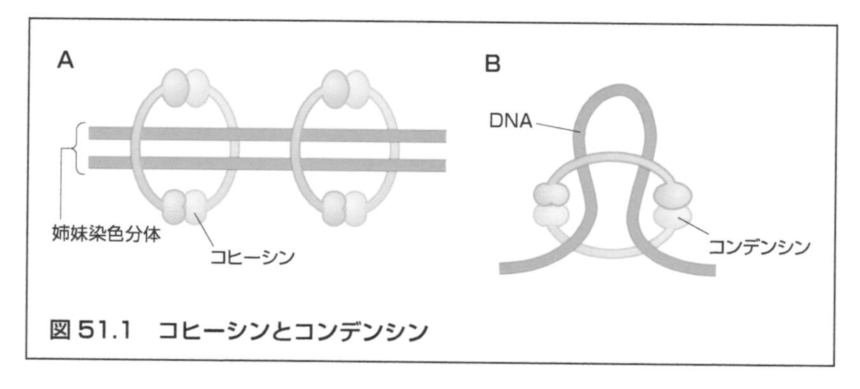

図51.1 コヒーシンとコンデンシン

M 期が開始される前に，実は動物細胞では，DNA の複製以外にも重要なことが行われています。それは中心体の倍加です。中心体は動物細胞において重要なはたらきを持つ微小管形成中心で，S 期から G_2 期にかけて倍加が行われます。中心体は有糸分裂時には紡錘体の 2 つの極となるほか，分裂後はそれぞれ娘細胞へと分配されます。倍加した中心体は，はじめは核の片側に集合体として存在しますが，有糸分裂が開始されると分離して，それぞれがコアとなった 2 つの**星状体**へと変化します。星状体は，微小管が放射状に突き出した構造体です。2 つの中心体が星状体に変化すると，それぞれが核の両側へと移動して，微小管で結ばれて紡錘体になります。その後，核膜が分散して消失すると，紡錘体微小管が倍加した染色体と結合し，分離へと進みます（図 51.2）。これらの分子が正しく機能することで，染色体の凝縮と紡錘体の形成が行われるのです。

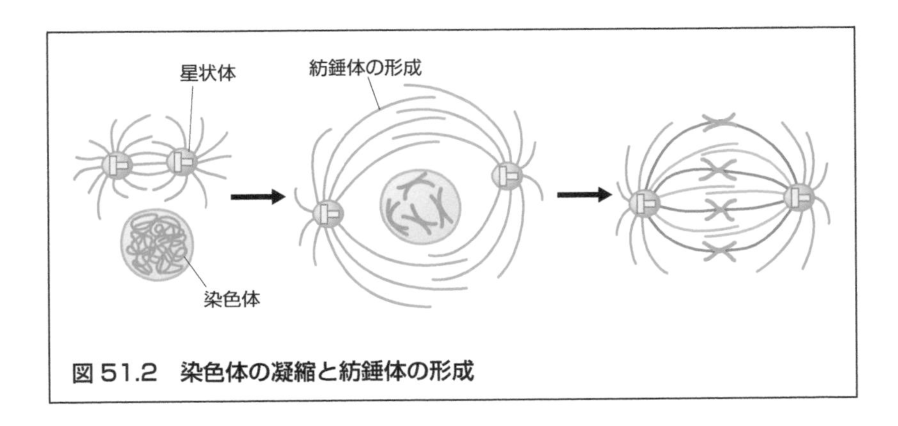

図 51.2　染色体の凝縮と紡錘体の形成

POINT 51

- 複製された染色体は，バラバラにならないようにコヒーシンによってまとめられる。DNA はコンデンシンに巻き取られて凝集する。
- M 期の前に中心体は倍加して，星状体になる。星状体同士が微小管によって結ばれると，紡錘体になる。

Stage 52 染色体の分離

セパラーゼと動原体微小管

紡錘体が形成されると，2つの極の間では**極間微小管**と呼ばれる微小管が伸びて，紡錘体の中央付近で結ばれます。また，凝集した姉妹染色分体の動原体にも**動原体微小管**が結合します。こうして，2つの姉妹染色分体がそれぞれ異なる紡錘体極にとらえられます。一方で，2つの極からは**星状体微小管**が細胞内へ放射状に広がっていき，細胞膜近傍の微小管結合タンパク質と結合します（図 52.1）。こうして紡錘体の配置が固定されることで，紡錘体極が形成されるのです。この紡錘体の極形成には，モータータンパク質であるキネシンやダイニンが活躍します。例えばキネシンは，両極から伸びた極間微小管同士をつなぎ留めます。また，キネシンおよび細胞質ダイニンは，紡錘体極の微小管をつなぎ留めます。

姉妹染色分体の2つの動原体が，微小管によってそれぞれ反対側の紡錘

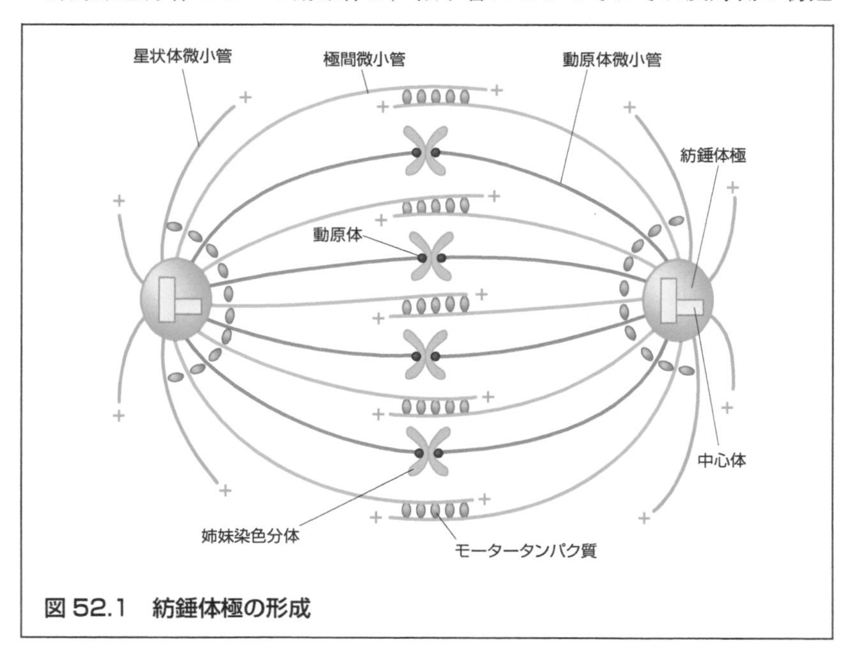

図 52.1　紡錘体極の形成

体極と結合すると，染色体は紡錘体の中心に移動します。この移動は，染色体表面に存在するキネシンが紡錘体極から伸びた微小管と結合して，プラス端へ向かう運動によって行われます。

すべての染色体が微小管を介して紡錘体極に結合すると，いよいよ染色体の分離が開始されます。しかし，分離する前に，姉妹染色分体をつなぎ留めているコヒーシンを分解することが必要です。コヒーシンの分解は，**セパラーゼ**によって行われます。セパラーゼによる分解が起きると，紡錘体が姉妹染色分体を一気に分離します。

姉妹染色分体が分離すると，染色体は結合している紡錘体極に引っ張られます。この移動は，2つの過程によって引き起こされます。1つは，動原体微小管が短縮する過程です。具体的には，動原体微小管の端からチューブリンが解離することで，結合した染色体が極方向へと移動するというものです。もう1つは，2つの極間微小管がつながった部分でモータータンパク質がはたらき，紡錘体極を押し離すというものです（図52.2）。こうした過程を経て，染色体は分離されます。

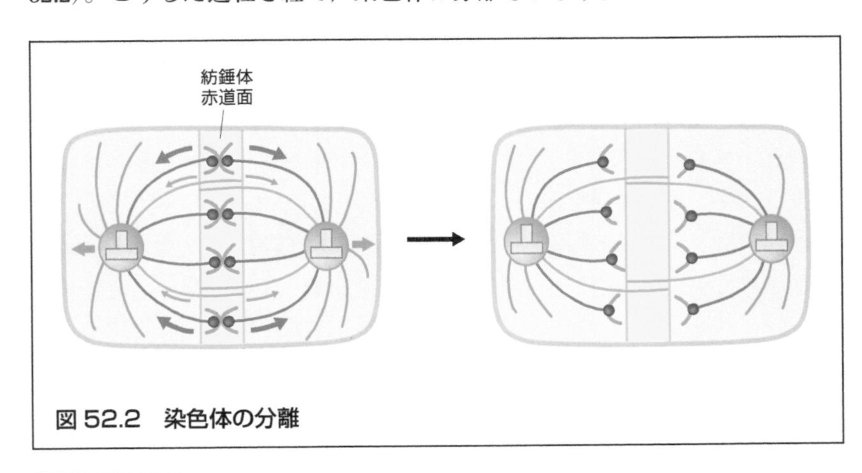

図 52.2　染色体の分離

POINT 52

- 紡錘体が形成されると，2つの極の間では極間微小管，中心体と動原体の間では動原体微小管，中心体から細胞膜方向には星状体微小管が伸びて結合される。こうして紡錘体極が形成される。
- 染色体をまとめているコヒーシンはセパラーゼによって分解される。

Stage 53 細胞質の分裂

細胞骨格による細胞質分裂の調節

染色体が分離したあとには，細胞質分裂が起こります。この過程では細胞質が２つにくびり切られますが，分裂は２つの娘染色体の中間の位置で起こる必要があります。また，動物細胞と植物細胞とでは，細胞質分裂の様式が異なります。

動物細胞の細胞質分裂

動物細胞では，後期の紡錘体の中央部分に，両極から伸びた微小管が束になった**中央紡錘体**と呼ばれる構造が形成されます。この中央紡錘体内で細胞内シグナルが発生すると，紡錘体に直交する細胞膜下に，アクチンフィラメントとⅡ型ミオシンフィラメントなどが集合した**収縮環**ができます。この際，アクチンフィラメントは枝分かれのない直線的な状態になって，細胞膜と直交に配列します。分裂終期が終わり，姉妹染色分体が分離すると，重なり合って並んでいるアクチンフィラメントとⅡ型ミオシンフィラメントの間で収縮が起こり，細胞質を二分する力が発生します。それと同時に，細胞膜と細胞内の小胞が融合して，収縮環付近に新しい膜が形成されます（図 53.1）。このように動物細胞では，細胞外から細胞内へ

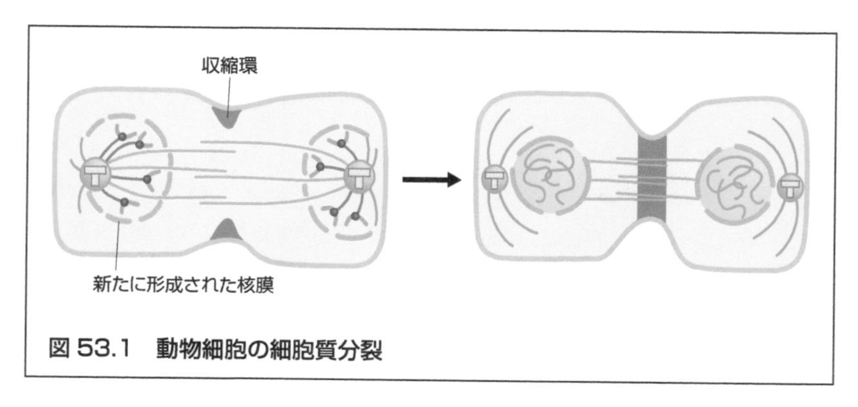

図 53.1　動物細胞の細胞質分裂

向かって細胞質分裂が進行します。

植物細胞の細胞質分裂

植物細胞は固い細胞壁で覆われているため，細胞質分裂では収縮環を形成してくびり切ることはしません。代わりに，娘細胞の間に**細胞板**という新しい細胞壁を形成することで，2個の細胞に分裂します。まず，2つの娘細胞の中央部分，すなわち分裂した2つの核の間に，細胞質分裂装置である**隔膜形成体**を形成します。隔膜形成体は，微小管とアクチンフィラメント，そして細胞壁の材料が入った小胞体からなる円盤状の構造です。隔膜形成体は，2つの核の間の中央部分に完成した初期細胞板をコアとして，それを囲むかたちで広がっていき，最終的には細胞壁と融合して，2つの核の間を区切ります。そして，細胞板から新しい細胞壁が形成されていきます（図 53.2）。つまり植物細胞は，動物細胞とは異なり，細胞内から細胞外へ向かって細胞質分裂が進行するのです。

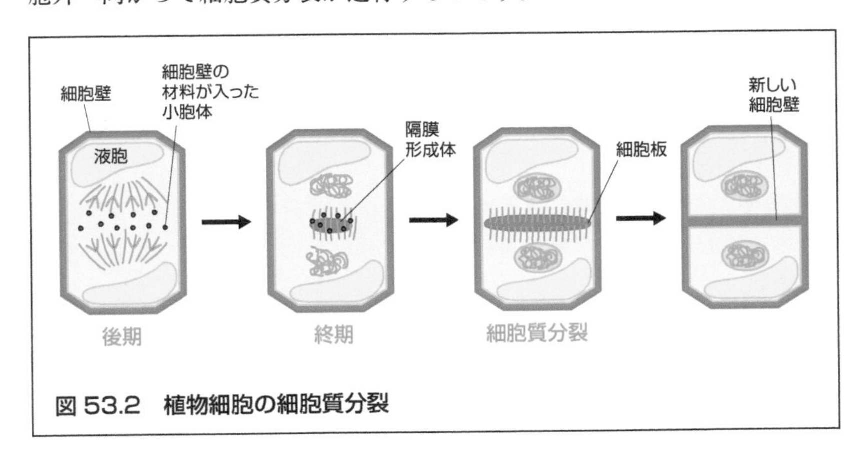

図 53.2　植物細胞の細胞質分裂

POINT 53

- 動物細胞では，収縮環が形成されて細胞外から細胞内に向かってくびり切るように細胞質分裂が進行する。
- 植物細胞では，細胞板が2つの娘細胞の間に形成されて，細胞内から細胞外に向かって細胞質分裂が進行する。

Stage 54 減数分裂

染色体数を半減させる特殊な分裂

多くの動物は有性生殖によって個体を増やします。有性生殖は，まったく同じ遺伝子を持った細胞が増えるのではなく，別の個体がつくった生殖に関わる特別な細胞である配偶子と，自身がつくった配偶子を合体させて，両方の遺伝子を混ぜ合わせることで行われます。こうして遺伝子の情報を混ぜ合わせることで，次世代に多様な遺伝子の組み合わせを提供できるだけでなく，種内の遺伝的多様性が高まるため，環境の急激な変化が起こった場合に適応できる個体を生み出せる可能性が高まります。

有性生殖では２つの配偶子が合体するため，合体してできた染色体の数は配偶子の倍になります。そこで，配偶子はあらかじめ，染色体の数を半分にする特別な方式である減数分裂によってつくられます。ここで，体細胞のように染色体を２組持っている細胞を二倍体，配偶子のように染色体を１組しか持たない細胞を一倍体と呼びます。ヒトの場合は，小さい一倍体の配偶子である精子と，大きい一倍体の配偶子である卵が融合して，二倍体の細胞である受精卵を形成します。受精卵は配偶子が２つ合体してできるため，配偶子に対して接合子とも呼ばれます。この Stage では，減数分裂によって配偶子が形成される過程を見ていきましょう。

配偶子の元になる二倍体の細胞には，父親由来の染色体と母親由来の染色体が１対ずつあります。このセットを合わせて相同染色体といいます。まず，複製によって相同染色体が倍加して，姉妹染色分体が作られます。体細胞分裂では姉妹染色分体が２つの細胞に分配されましたが，減数分裂では，倍加した相同染色体同士が一度ペアを作ります。これを対合と呼びます。そして，父親由来の染色体と母親由来の染色体の間で交叉が起こります。交叉は，父親由来の染色体と母親由来の染色体のうち，似た配列の部分が入れ替わる現象です。これにより，遺伝情報が一部ランダムに入れ替わる遺伝的組換えが起き，父親由来の染色体と母親由来の染色体が混在した多様な染色体になります。その後の第一分裂では，交叉した相同染色体は分離し，2つの細胞に分配されます。続く第二分裂で相同染色体は1つずつに分離し，別々の細胞に分配されて，配偶子が形成されます（図54）。

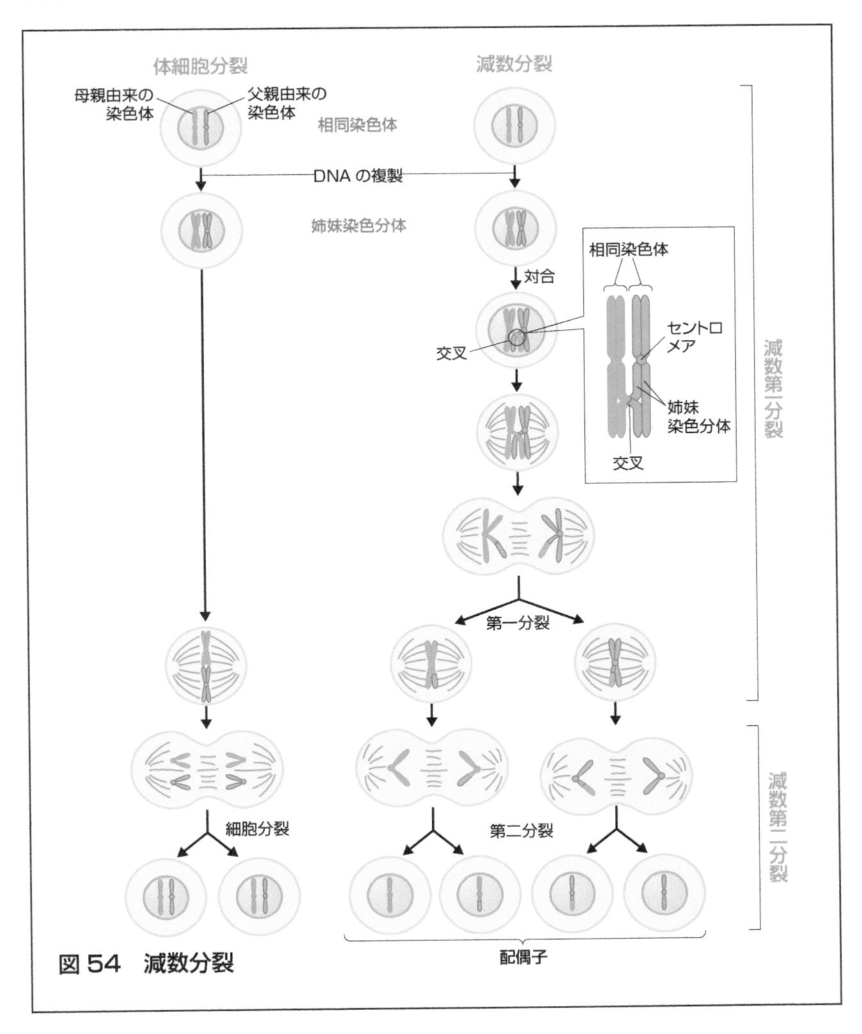

図54　減数分裂

POINT 54

◆ 配偶子は，染色体の数を半分にする減数分裂によってつくられる。減数分裂では，交叉という過程で相同染色体の遺伝情報が一部ランダムに入れ替わるため，多様な染色体がつくられる。

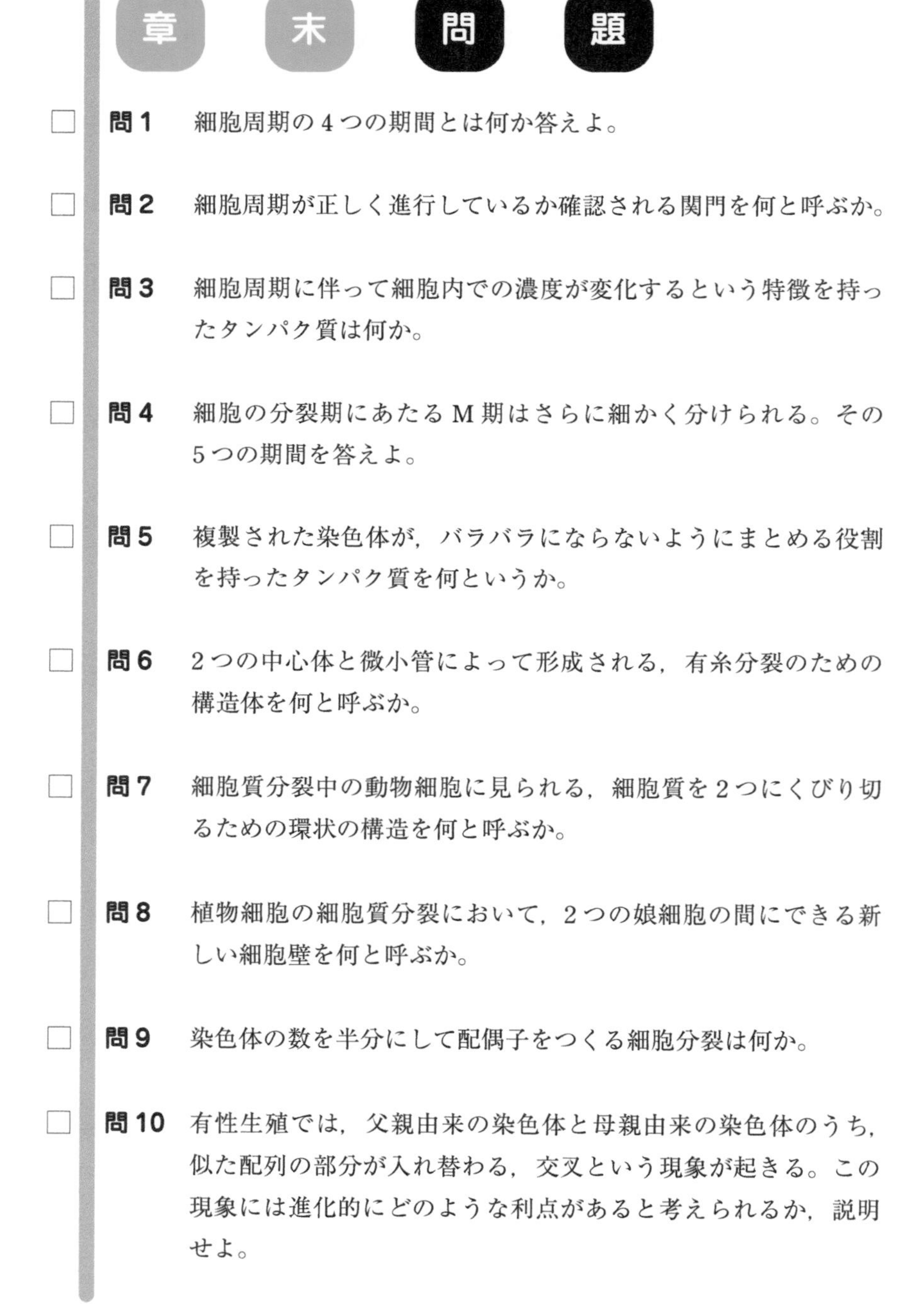

章末問題

- □ **問 1**　細胞周期の4つの期間とは何か答えよ。
- □ **問 2**　細胞周期が正しく進行しているか確認される関門を何と呼ぶか。
- □ **問 3**　細胞周期に伴って細胞内での濃度が変化するという特徴を持ったタンパク質は何か。
- □ **問 4**　細胞の分裂期にあたるM期はさらに細かく分けられる。その5つの期間を答えよ。
- □ **問 5**　複製された染色体が，バラバラにならないようにまとめる役割を持ったタンパク質を何というか。
- □ **問 6**　2つの中心体と微小管によって形成される，有糸分裂のための構造体を何と呼ぶか。
- □ **問 7**　細胞質分裂中の動物細胞に見られる，細胞質を2つにくびり切るための環状の構造を何と呼ぶか。
- □ **問 8**　植物細胞の細胞質分裂において，2つの娘細胞の間にできる新しい細胞壁を何と呼ぶか。
- □ **問 9**　染色体の数を半分にして配偶子をつくる細胞分裂は何か。
- □ **問 10**　有性生殖では，父親由来の染色体と母親由来の染色体のうち，似た配列の部分が入れ替わる，交叉という現象が起きる。この現象には進化的にどのような利点があると考えられるか，説明せよ。

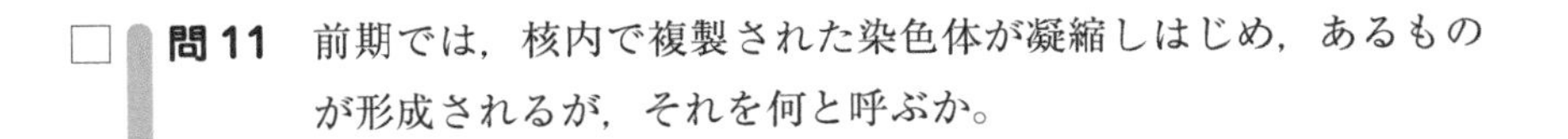

□ **問 11** 前期では，核内で複製された染色体が凝縮しはじめ，あるものが形成されるが，それを何と呼ぶか。

□ **問 12** 染色体の分離を制御するタンパク質を何と呼ぶか。

□ **発展** ヒトは，22 対の常染色体と 1 対の性染色体の合計 46 本の染色体を持つ。この染色体の数や形態に変化が起こると，さまざまな疾患が起こる。例えば，ダウン症は体細胞の第 21 染色体が 1 本多く，合計で 3 本あることで発症する先天性の疾患である。症状としては，身体の発達遅延や，中等度の精神遅滞が見られる。染色体は 2 本で対をなすが，3 本になる場合をトリソミーと呼ぶ。このような染色体の本数の違いは何が原因で起こると考えられるか，説明せよ。

解　答

問 1　G_1 期，S 期，G_2 期，M 期
問 2　チェックポイント
問 3　サイクリン
問 4　前期，前中期，中期，後期，終期
問 5　コヒーシン
問 6　紡錘体
問 7　収縮環
問 8　細胞板
問 9　減数分裂
問 10　遺伝子の情報をシャッフルすることで，次世代に多様な遺伝子の組み合わせを提供できる。その結果，種内の遺伝的多様性が高まるため，環境の急激な変化が起こった場合，環境変化に適応できる個体を生み出す可能性も高まる。
問 11　姉妹染色分体
問 12　セパラーゼ
発展　トリソミーは遺伝子の変異で起こるのではなく，配偶子（卵や精子）を形成する際，つまり減数分裂時に，染色体が正しく分配されないことで起こる。

- □ アポトーシスとネクローシス
- □ カスパーゼ
- □ アポトーシスの制御
- □ がん
- □ がん原遺伝子とがん抑制遺伝子
- □ 章末問題

Chapter 9
細胞の死

正常な発生過程の脊椎動物の神経系では，特定の神経細胞の半数以上は生まれてすぐに死んでしまいます。また成人の骨髄や腸では，1時間当たり数十億個の細胞が死んでいます。なぜ正常な発生過程において細胞が死んでしまうのでしょうか？　この細胞を死に導くしくみをプログラム細胞死と呼びます。このChapterでは，どのようなしくみでプログラム細胞死が調節されているのかについて学びます。

Stage 55 アポトーシスとネクローシス

細胞が死ぬ様式

私たちヒトなどの多細胞生物の細胞は，細胞分裂と細胞死の速度が厳密に制御されているため，体の細胞数が突然増えすぎたり，逆に減りすぎたりすることはありません。不要になった細胞は，**プログラム細胞死**という細胞を死に導くしくみが活性化されて自殺します。このしくみを**アポトーシス**と呼びます。

アポトーシスは，例えばヒトの手足を形成するために非常に重要な役割を担っています。手足は，発生当初はスペードのような形をしていますが，指の間の細胞が徐々にアポトーシスで死んでいくことで，指が1本ずつに分かれていきます。これは，建物を建てるときに足場を組み，建物ができたらその足場を解体するのに似ています（図55.1）。

アポトーシスは，発生過程での細胞の品質管理も行っており，まったく機能しない細胞や，個体に悪い影響を及ぼす細胞などを排除します。特に脊椎動物では，発生途中の免疫系の細胞において，異物を認識するための受容体を産生しない細胞や，自分自身の体を形成する細胞に対して攻撃をする細胞は，アポトーシスによって排除されます。

アポトーシスを起こした細胞は，細胞骨格が壊れ，核膜が分散し，核のクロマチンが凝縮してDNAが分解され，細胞が凝縮するという特徴があります。また，細胞表面には小胞の突起が現れます。細胞が大きい場合は，細胞の断片が膜に封入された**アポトーシス体**が形成されることもあります。この細胞の変化を目印に，周囲の細胞や白血球がアポトーシスを起こした細胞を素早く貪食することで，直ちに分解します。こうすることで，死んだ細胞の成分を取り込み細胞内で再利用するとともに，内容物（リソソームやエンドソームなどの分解酵素）が漏れて周囲の細胞を傷つけ，炎症を起こすことが抑えられます（図55.2-A）。

一方，怪我などによって細胞が破壊されたり，栄養分や酸素が行き届かずに細胞が死んだりするような状態を，**ネクローシス**（**壊死**（えし））といいます。ネクローシスする細胞は，アポトーシスとは異なり，膨張して破裂し，内容物を周囲にまき散らすため，炎症反応を引き起こします（図55.2-B）。例えば，膝を擦りむいて怪我をした周囲が痛痒くなるのは，怪我をした部分の細胞がネクローシスを起こして，周囲に炎症を引き起こすためです。

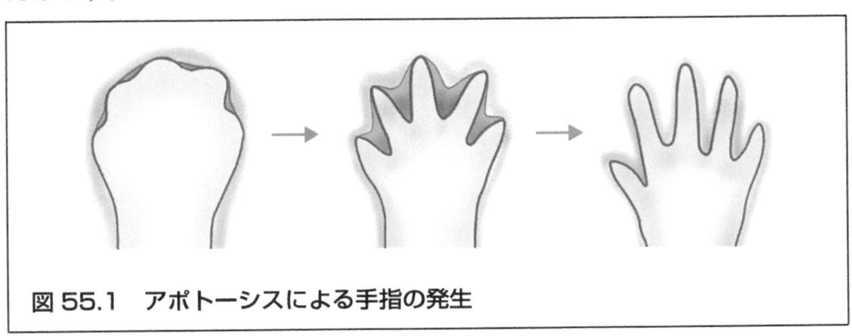

図 55.1　アポトーシスによる手指の発生

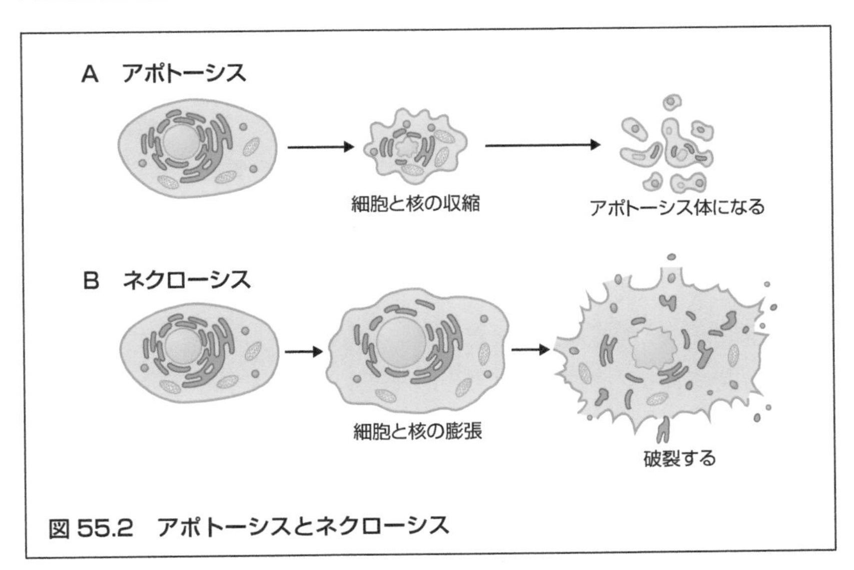

図 55.2　アポトーシスとネクローシス

POINT 55

◆ 多細胞生物には，細胞の数や品質を保つためにプログラム細胞死が起こる。このしくみをアポトーシスという。
◆ 怪我などによって細胞が破壊されたり，栄養分や酸素が行き届かずに細胞が死んだりする状態をネクローシス（壊死）という。

Stage 56 カスパーゼ

アポトーシスを調節するタンパク質

カスパーゼは，細胞内に存在するタンパク質分解酵素であり，アポトーシスを制御するために重要なタンパク質です。普段は不活性な状態の**プロカスパーゼ**として細胞内に存在しています。

プロカスパーゼは，アポトーシスを誘導するシグナルを受け取ったり，細胞内ですでに活性化している他のカスパーゼに構造の一部を切断されたりすると活性化し始めます。一部が切断されたプロカスパーゼは，大小のサブユニットに分割され，二量体を形成します。さらにこの二量体が2つ集まって形成される四量体が，活性のあるカスパーゼです。活性化したカスパーゼは，すぐに他のプロカスパーゼの一部を切断して，同じように活性のあるカスパーゼを連鎖的に産生していきます。こうして連鎖的に増幅されたカスパーゼは，細胞内のさまざまなタンパク質を分解して，アポトーシスを進行させます。

このとき，プロカスパーゼの分解開始時に機能するカスパーゼは**開始カスパーゼ**と呼ばれます。開始カスパーゼによって活性化したカスパーゼは**実行カスパーゼ**と呼ばれ，さまざまな細胞内の特定の標的タンパク質を分解するほか，他のプロカスパーゼの活性化も行います（図56）。

実行カスパーゼが切断するタンパク質のひとつには核のラミンがあります。核のラミンは，ラミン結合膜タンパク質とともに核ラミナを形成しています。この核ラミナが実行カスパーゼにより切断されることで，核の構造が不可逆的に壊れます。また別の標的タンパク質には，DNA分解酵素を不活性化させるタンパク質があります。このタンパク質が分解されると，エンドヌクレアーゼという核酸の分解酵素が活性化されるため，核ラミナが崩壊して細胞質内に漏れ出てきたDNAが分解されるようになります。このように，カスパーゼが活性化して起こるアポトーシスの進行は，細胞周期と同様に一方向にしか進まない不可逆的な反応であり，**カスパーゼカスケード**とも呼ばれます。

正常な細胞は，発生の初期からプロカスパーゼが産生されています。つまり，アポトーシスに関係する分子は細胞内に常に準備してあって，細胞はシグナルさえあれば直ちにアポトーシスを活性化できるようになっています。

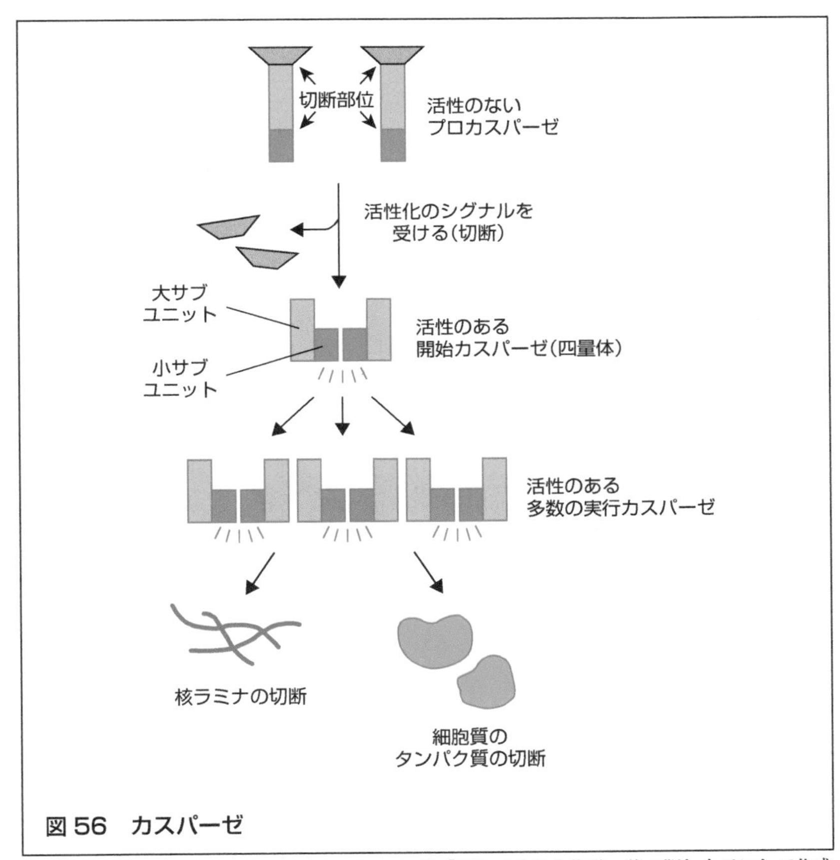

図 56　カスパーゼ

※『細胞の分子生物学　第 6 版』を元にして作成

POINT 56

◆ アポトーシスは，細胞内に常に準備されているカスパーゼと呼ばれるタンパク質分解酵素によって制御されている。

◆ 細胞がアポトーシスのシグナルを受けると，細胞内のカスパーゼカスケードが不可逆的に活性化し，細胞内のさまざまなタンパク質が分解される。

Stage 57 アポトーシスの制御

アポトーシスの制御の破綻は疾患につながる

細胞は，DNA損傷などのストレスがあったり，生存のためのシグナルが不足したりすると，細胞内部からアポトーシス反応が活性化する場合があります。**ミトコンドリア経路**と呼ばれるこの経路は，正常時はミトコンドリアの電子伝達系で機能しているシトクロムcが，ミトコンドリアから細胞質基質へ放出されることで活性化され，開始されます。

細胞質基質に放出されたシトクロムcは，アダプタータンパク質である**Apaf1**に結合します。Apaf1と結合したシトクロムcは，集合して七量体の**アポトソーム**という車輪状の構造を形成します。すると，このアポトソームのApaf1がプロカスパーゼの一種であるプロカスパーゼ-9を引き寄せ，互いを近接させることで，活性化させます。その結果，活性化したカスパーゼが形成されて，アポトーシスが引き起こされます（図57.1）。

ほとんどの動物細胞では，アポトーシスを避けるために，他の細胞から絶えず**生存因子**と呼ばれるシグナルを受け取っています。このしくみに

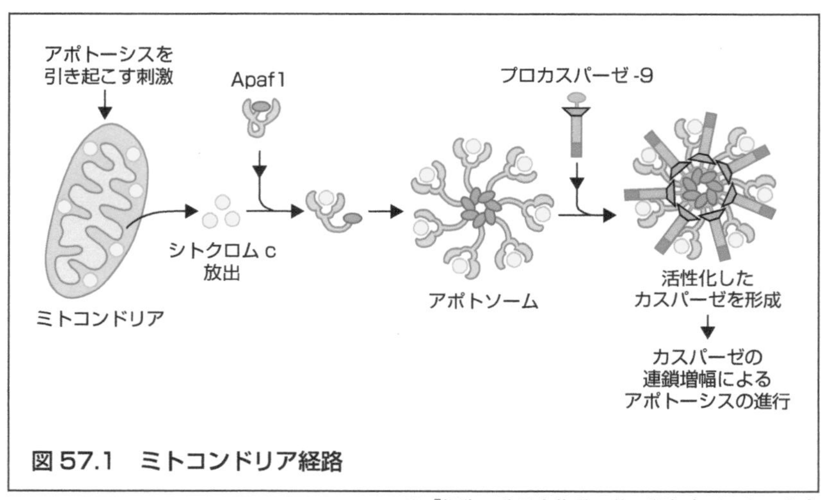

図57.1　ミトコンドリア経路

※『細胞の分子生物学　第6版』を元にして作成

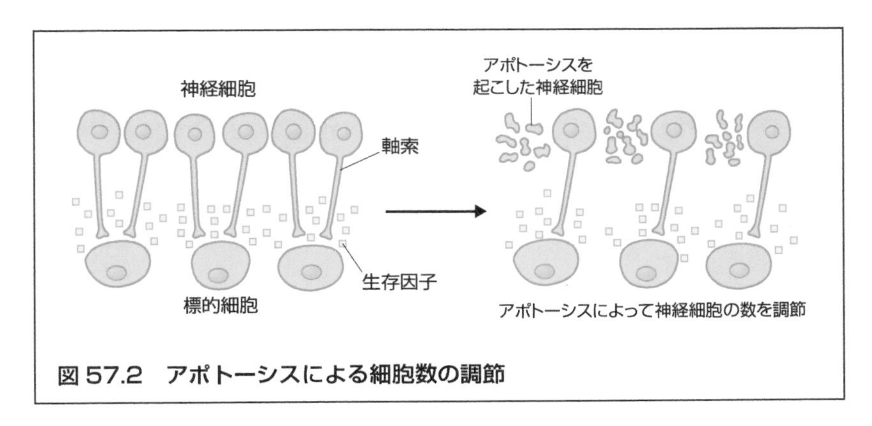

図 57.2　アポトーシスによる細胞数の調節

よって，細胞は必要な時期に，必要な場所で生存することができます。例えばヒトの高次機能を司る神経細胞は，胎児期の神経系の発生時には過剰につくられます。そして，シナプスを形成した相手の細胞から分泌されるごく微量の生存因子を受け取ります。この生存因子を受け取ることのできた神経細胞だけが生存することができ，受け取ることのできなかった神経細胞は死にます。このように，神経細胞の数は自動的に調節されているのです。これは神経系に限ったことではなく，運動神経と骨格筋の間など，生物はアポトーシスによってさまざまな組織の細胞数を調節しています(図 57.2)。

アポトーシスが過剰に活性化されたり，不十分であったりすると，疾患が引き起こされることがあります。例えば，免疫細胞の一種であるヘルパーT細胞がHIV（ヒト免疫不全ウイルス）に感染すると，ヘルパーT細胞はアポトーシスを起こして死んでしまいます。その結果，免疫不全，つまり後天性免疫不全症候群（AIDS）を発症するようになります。

POINT 57

◆ 細胞は，DNA損傷などのストレスや生存因子の不足により，ミトコンドリア経路によってアポトーシス反応が活性化されることがある。
◆ アポトーシスが過剰に起きたり，不十分だったりすると，疾患が引き起こされることがある。

Stage 58 がん

ゲノムに変異が入り蓄積することで起こる疾患

がんは，日本人のおよそ3人に1人が命を落とす病気であり，さまざまな要因によって発症すると考えられています。その中には予防できるものも含まれています。

そもそもがんとはどのような病気なのでしょうか？　がんを引き起こすがん細胞は，3つの性質を持ちます。1つ目は，細胞の成長と増殖が制御不能になる自己増殖の性質です。自己増殖し続ける細胞は腫瘍と呼ばれる塊を形成します。2つ目は，他の細胞の領域や組織に広がって新たな場所で増殖する，浸潤の性質です。3つ目は，別の臓器や組織といった離れた場所で増殖する，転移の性質です。つまりがん細胞は，自己増殖して腫瘍を形成し，近くの正常な組織に入り込んで浸潤し，血管やリンパ管を通って，離れた別の臓器や組織に転移することを繰り返します。

腫瘍細胞が新たな場所に浸潤しなければ，その腫瘍細胞は良性だとされます。そのため，腫瘍の塊を外科的に切除したり破壊したりすることができれば完治します。しかし，腫瘍細胞が周囲の組織へ浸潤する能力を持ってしまった場合は悪性であり，がん細胞と呼ばれるようになります（図58)。この状態で腫瘍の転移が起こらないようにできれば，がんを治すことはできます。しかし，転移が起こる臓器は，脳，肺，肝臓，骨など，ヒトが生きていくために重要なものばかりです。そのため，がんによる死の多くは，がんが最初に発生した臓器（原発巣）ではなく，転移によって生命維持に必要不可欠な臓器が機能不全になることで起きます。

がん細胞は，複数の遺伝子に変異が蓄積することで発生すると考えられています。がんの種類にもよりますが，変異することでがんを起こす遺伝子は，細胞周期や細胞の成長，細胞内のシグナル伝達，アポトーシスやDNAの修復などを制御する遺伝子だと考えられています。つまり，1個の細胞のゲノムにおいて，これらの複数の遺伝子が変異した場合，その細胞はがん化するのです。

細胞ががん化すると，遺伝子の発現や環境に対する応答のしかたも変化します。例えば慢性骨髄性白血病は，慢性期と呼ばれる発症初期では白血球の過剰な増殖が起こります。この状態が数年間続いたあと，染色体にさらに異常が起こると，細胞増殖のシグナルが増強されます。すると，正常な血液細胞が急速にがん細胞に入れ替わって急激に病状が悪化し，2～3カ月で死に至る急性転化期に移行します。このように，がん細胞は少しずつゲノムの変異が蓄積することで異常さを増しながら進行していきます。

多くのがんは，産まれたあとに遺伝子に生じた変異が原因で起こるため，次の世代（子）に遺伝することはありません。しかし，生殖細胞が持つがんの発生に関する遺伝子に変異があると，次の世代にがんが遺伝することもあります。遺伝性のがんの原因遺伝子には，乳がんの原因となる *BRCA1* や *BRCA2* 遺伝子などが知られています。ただし，遺伝子に変異があっても必ずがんを発症するわけではありません。

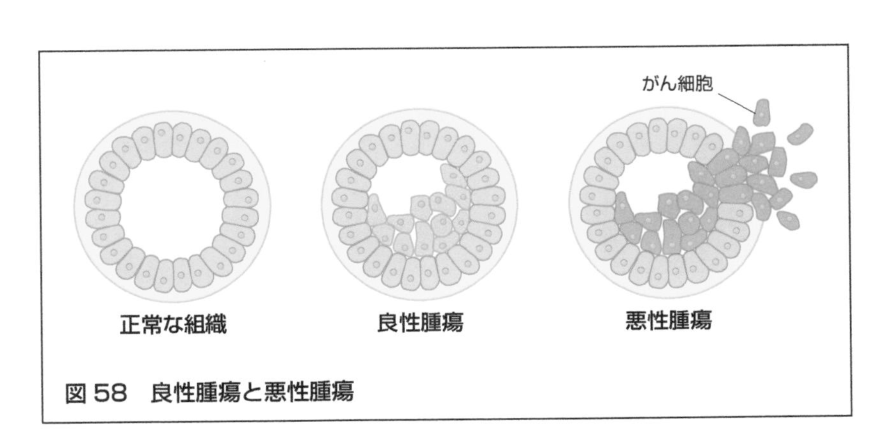

図 58　良性腫瘍と悪性腫瘍

POINT 58

◆ がん細胞には，自己増殖し腫瘍を形成する性質，他の細胞や組織に広がる浸潤の性質，離れた臓器や組織に移動して増殖する転移の性質がある。浸潤の性質を持たない腫瘍は良性とされる。
◆ がん細胞は，細胞のゲノムに多数の変異が蓄積することで発生する。

Stage 59 がん原遺伝子とがん抑制遺伝子

細胞増殖のアクセルとブレーキ

がん細胞を発生させる原因となる遺伝子には，大きく分けて２種類あります。細胞を増殖させる遺伝子群である**がん原遺伝子**と，細胞の増殖を抑制する遺伝子群である**がん抑制遺伝子**です。どちらの遺伝子の機能が異常になった場合でも，細胞の増殖を正常に制御することが難しくなります。

がん原遺伝子は，必要な場所，必要な時期に活性化されて細胞を増殖させるために必要な遺伝子です。つまり，がんの原因の遺伝子として「がん原遺伝子」と名付けられてはいますが，この遺伝子が正常に機能しなければ，私たちの体を維持することはできません。正常な場合であれば，がん原遺伝子はアクセル，がん抑制遺伝子はブレーキのようにはたらき，バランスよく機能することで，細胞増殖の機能が維持されます。しかし，がん原遺伝子に変異が起こって過剰に活性化した状態になると，その遺伝子はがん遺伝子と呼ばれるようになります。また，がん抑制遺伝子は，細胞周期のチェックポイントを制御する遺伝子や，DNA の修復を担う遺伝子群

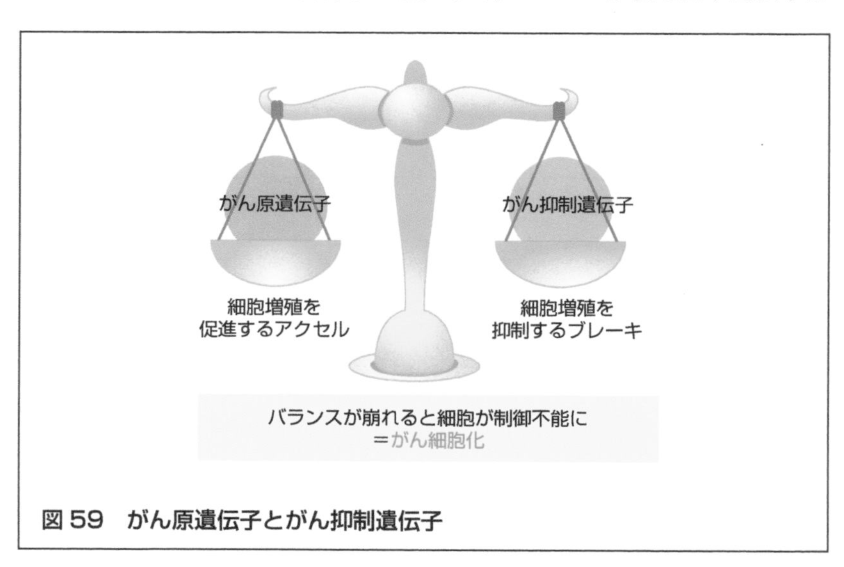

図 59　がん原遺伝子とがん抑制遺伝子

ですが，このがん抑制遺伝子に変異が起きて正常な活性を失った場合も，がんの原因となります。

がん原遺伝子にはさまざまなものがありますが，最初に同定されたヒトのがん遺伝子は **Ras** です。正常ながん原遺伝子 *Ras* から産生される Ras タンパク質は，細胞内シグナル伝達に関わる低分子量 GTP 結合タンパク質です。Ras タンパク質が活性化されると，GTP を GDP に加水分解して，細胞の増殖を促すシグナルを他のタンパク質に伝えます。しかし，ヒトの腫瘍から見つかる変異型の *Ras* は高活性な Ras タンパク質を産生することがあります。この Ras タンパク質は，GTP が GDP に加水分解されてもなお活性を維持し続けるため，シグナルが伝えられ続けます。このため，常に細胞周期が回り続け，細胞が増殖し続けます。ヒトのがんのおよそ 5 つに 1 つはこの *Ras* 遺伝子の変異によるものだといわれます。

がん抑制遺伝子としてよく知られているのが ***p53*** 遺伝子です。この遺伝子が活性化されると，細胞周期を一時的に停止させる機能を持つ p21 タンパク質が産生されます。細胞周期が停止している間，細胞内では DNA 損傷の修復が試みられます。もし DNA の修復に成功すれば，*p53* 遺伝子は不活性化され，p21 タンパク質も分解されて，細胞周期が再度動き始めます。このように，*p53* 遺伝子は細胞周期が次のステップに進むのを抑制しています。しかし，*p53* 遺伝子に変異があって正常な p21 タンパク質が産生されないと，DNA に損傷があっても細胞周期を停止することができず，DNA に損傷が残ったまま細胞が分裂するため，細胞ががん化してしまいます。このように，細胞はがん原遺伝子とがん抑制遺伝子のバランスによって，正常に保たれているのです（図 59）。

POINT 59

- ◆ がん細胞を発生させる原因となる遺伝子には，細胞を増殖させる遺伝子群であるがん原遺伝子と，細胞の増殖を抑制する遺伝子群であるがん抑制遺伝子がある。
- ◆ がん原遺伝子が過剰に活性化した状態になったり，がん抑制遺伝子が正常に機能しないような変異が蓄積すると，細胞ががん化する。

column

iPS 細胞

神経細胞と肝細胞は形態や機能が大きく違いますが，核の中に同じ遺伝情報を持っています。同じ遺伝情報を持っているにもかかわらず，異なった形態や機能を持つのはなぜでしょうか。これは，神経細胞では神経細胞になるための遺伝子，肝細胞では肝細胞になるための遺伝子だけが，それぞれ使われているためです。つまり，それぞれの細胞で使われる遺伝子と，使われない遺伝子に目印が付けられているのです。こうした目印はDNAやヒストンタンパク質に付けられますが，神経細胞がいつの間にか皮膚の細胞には変化しないように，目印は一度取り付けられると容易には外れません。この目印について研究する分野のことを，**エピジェネティクス**と呼びます。

受精卵は，分裂を繰り返してさまざまな細胞や組織へと分化し，分化の度にDNAやヒストンタンパク質にエピジェネティックな目印が付けられます。一方で，精子や卵は，エピジェネティックな目印が消去されている，または再構成されている状態です（そうでなければ，受精卵はさまざまな細胞に分化することができません）。このようなエピジェネティックな目印の消去や再構成のことを**リプログラミング**と呼びます。

京都大学の山中伸弥博士は，将来皮膚になる細胞（マウスの線維芽細胞）に4つの遺伝子を導入することで，エピジェネティックな目印をリプログラミングして，さまざまな細胞へと分化できる**人工多能性幹細胞**を作り出すことに成功しました。これは，英語名の頭文字をとって，**iPS 細胞**（induced pluripotent stem cells）と呼ばれます。

iPS 細胞の開発は，受精卵がさまざまな細胞へと分化するしくみや，細胞の運命を決める因子を調べる基礎研究にとって，重要なツールになりました。また，再生医療や病気の発症メカニズムの解明，新たな治療薬の開発など，幅広い応用研究にも用いられています。

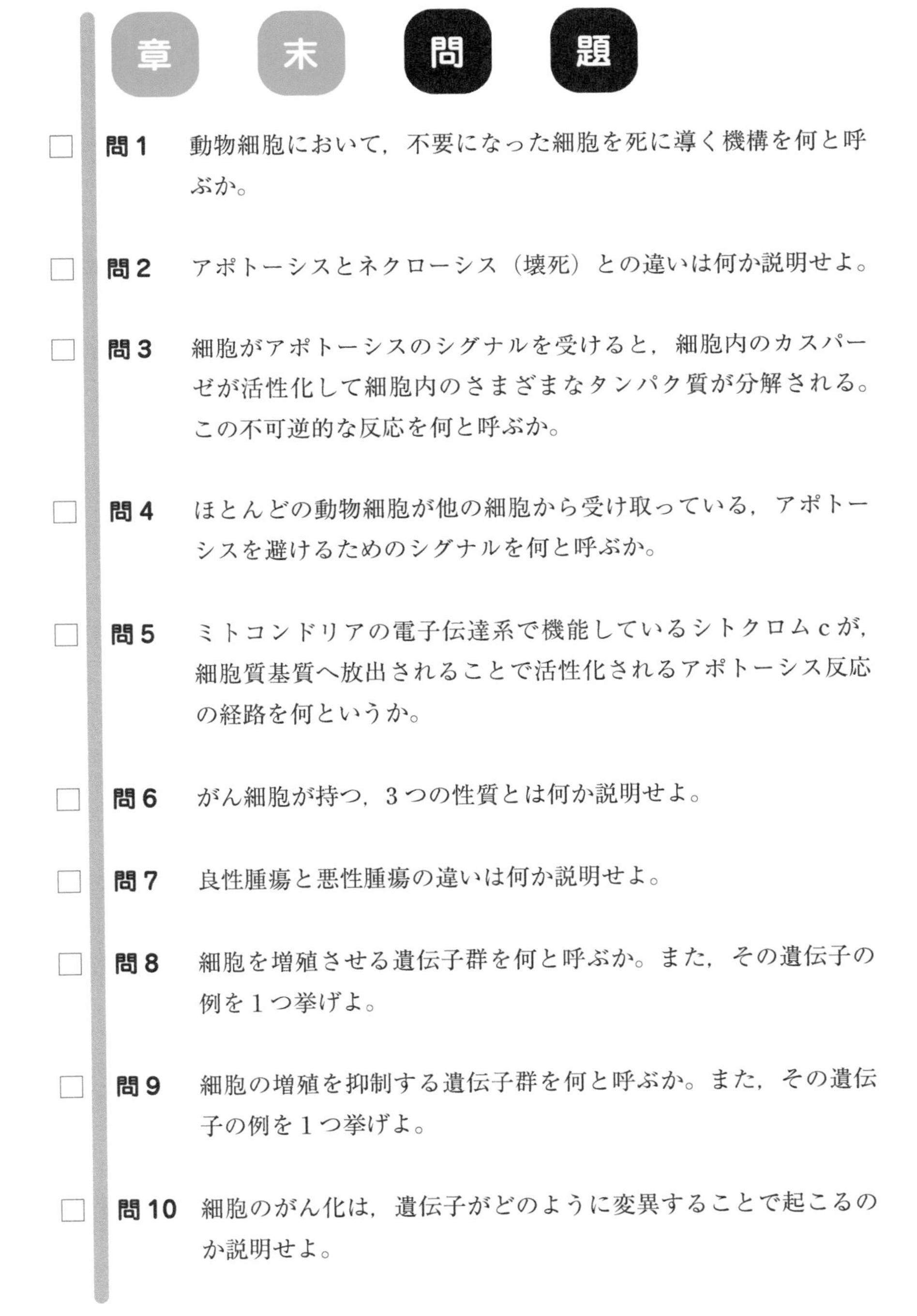

章末問題

□ **問1**　動物細胞において，不要になった細胞を死に導く機構を何と呼ぶか。

□ **問2**　アポトーシスとネクローシス（壊死）との違いは何か説明せよ。

□ **問3**　細胞がアポトーシスのシグナルを受けると，細胞内のカスパーゼが活性化して細胞内のさまざまなタンパク質が分解される。この不可逆的な反応を何と呼ぶか。

□ **問4**　ほとんどの動物細胞が他の細胞から受け取っている，アポトーシスを避けるためのシグナルを何と呼ぶか。

□ **問5**　ミトコンドリアの電子伝達系で機能しているシトクロムｃが，細胞質基質へ放出されることで活性化されるアポトーシス反応の経路を何というか。

□ **問6**　がん細胞が持つ，３つの性質とは何か説明せよ。

□ **問7**　良性腫瘍と悪性腫瘍の違いは何か説明せよ。

□ **問8**　細胞を増殖させる遺伝子群を何と呼ぶか。また，その遺伝子の例を１つ挙げよ。

□ **問9**　細胞の増殖を抑制する遺伝子群を何と呼ぶか。また，その遺伝子の例を１つ挙げよ。

□ **問10**　細胞のがん化は，遺伝子がどのように変異することで起こるのか説明せよ。

□ **問 11** ヒトを含む哺乳類において，アポトーシスが重要なはたらきをしている例を挙げよ。

□ **問 12** アポトーシスを制御するための重要なタンパク質を何と呼ぶか。また，このうち普段は不活性な状態のものを何と呼ぶか。

□ **発展** 悪性腫瘍である網膜芽細胞腫は，ヒトの網膜で発生する非常にまれながんである。命に関わることは少ないが，代わりに視力を失う。この網膜芽細胞腫の遺伝子を解析したところ，*Rb* という遺伝子の一部が欠失していることが分かった。*Rb* 遺伝子からつくられる Rb タンパク質は，細胞周期が S 期へ移行するのを抑制する機能を持つ。*Rb* 遺伝子が変異を起こすと，なぜ細胞はがん化するのか説明せよ。また，*Rb* 遺伝子はがん原遺伝子か，それともがん抑制遺伝子か答えよ。

解答

問 1 アポトーシス

問 2 アポトーシスは，細胞が凝縮する，制御された細胞死である。ネクローシスは，細胞が膨張して破裂する細胞死であり，けがや栄養不足，酸素不足によって起きる。

問 3 カスパーゼカスケード

問 4 生存因子

問 5 ミトコンドリア経路

問 6 自己増殖し腫瘍を形成する性質，他の細胞や組織に浸潤する性質，離れた臓器や組織に移動して増殖する転移の性質

問 7 腫瘍細胞が新たな場所に浸潤しなければ，その腫瘍は良性である。周囲の組織に浸潤する能力を持ってしまった場合は悪性とされる。

問 8 がん原遺伝子，*Ras* 遺伝子

問 9 がん抑制遺伝子，*p53* 遺伝子

問 10 がん原遺伝子が過剰に活性化するような変異や，がん抑制遺伝子が正常に機能しないような変異が蓄積することで起きる。

問 11 手足の形成

問 12 カスパーゼとプロカスパーゼ

発展 Rb タンパク質が機能しないような遺伝子変異が起こると，細胞の S 期への移行を抑制できなくなるため，遺伝子に異常がないかどうかについてのチェックできなくなってしまい，がん化してしまう。つまり *Rb* 遺伝子は，がん抑制遺伝子である。

- □器官系・器官・組織
- □組織と細胞の結合
- □幹細胞
- □ホメオスタシス
- □生体防御機構
- □章末問題

Chapter 10
細胞がつくる社会

多細胞生物は，多数の細胞からできています。細胞は非常に小さく，軟らかい物体です。にもかかわらず，私たちヒトやゾウは，大きくも強靭で，しなやかです。このような構造体ができるのはなぜでしょうか。また，細胞の集合体である私たちは，どのように個体として維持されているのでしょうか。このChapterでは，組織の構築や細胞供給のしくみ，そしてホメオスタシスや生体防御機構について学びます。

Stage 60 器官系・器官・組織

個体の階層

生物は単なる細胞の集合体ではなく，集まって組織を形成します。さらに組織は集合して，胃や腸などの，はたらきや形を持った単位である器官を形成します。さらに，共通の役割を持った器官が集合して，共同で機能する器官系を形成します（図 60）。例えば消化器系は，食道，胃，大腸，肝臓，肛門などの器官から構成されており，「食物を消化して不要なものを排泄する」という役割を担っています。この器官系が集合して，個体が形成されるのです（表 60）。このように，生物には階層性があります。

動物の組織は，体表を覆ったり腺をつくったりする上皮組織，運動を司る筋組織，情報の受容や伝達，統合を制御する神経組織，他の組織のはたらきを機能的に支える結合組織の 4 種類に分類されています。動物にはたくさんの器官がありますが，すべての器官は，この 4 つの組織の特定の組み合わせによって構成されます。また組織も，構成する細胞によってさらに細かく分類されています。例えば上皮組織は，単層扁平上皮，単層立方上皮，単層円柱上皮，重層扁平上皮，多列上皮，移行上皮など，6 種類に分類することができますが，これらの上皮組織は細胞の形や並び方が異なるため，伸縮性や組織の厚さ，機能などが変わります。

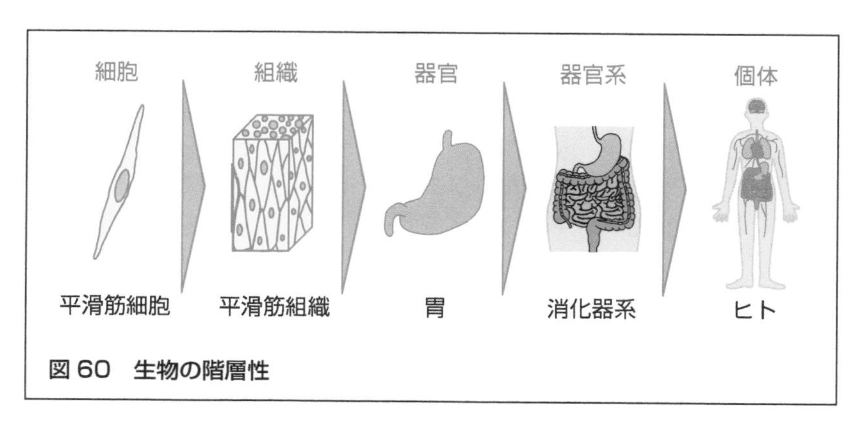

図 60　生物の階層性

表 60　器官系の役割

名称	役割
神経系	脳や脊髄，末梢神経などを介して，運動や内臓機能の調節，感覚や高次脳機能を調節する
骨格系	骨を介して体を支え，内臓を保護し，カルシウムを貯蔵し，血液を作り出す
筋系	骨格筋などを介して，身体の姿勢を保持し，運動を制御し，熱を作り出す
感覚器系	味覚，嗅覚，視覚器などを介して，体内外の環境変化を受容し，その情報を脳へ伝える
内分泌系	下垂体や甲状腺，副腎や精巣，卵巣などを介して，体の成長や生殖機能，さらに体内の恒常性を調節する
循環器系	心臓や血管，リンパ管や脾臓などを介して，全身に血液やリンパ液を循環させ，酸素や栄養分を輸送する
呼吸器系	肺や気管などを介して，酸素を体内に取り込み，二酸化炭素を排出し，体内の酸素濃度を調節する
消化器系	胃や小腸，大腸や肝臓などを介して，体外から栄養分を摂取し，有害物を解毒し，不要なものを体外へ排泄する
泌尿器系	腎臓や膀胱などを介して，体内の老廃物を尿として体外へ排出する
生殖器系	精巣や卵巣，前立腺や子宮などを介して，精子や卵を産生し，受精して新たな個体を生み出す
外皮系	皮膚や汗腺，髪や爪などを介して，身体の表面を保護し，外界の環境情報を受容する

POINT 60

◆ 細胞は集まって組織を形成し，組織は器官，器官は器官系を形成するという階層性を持つ。個体は，器官系が集まってできている。
◆ 動物の組織は上皮組織，筋組織，神経組織，結合組織に分類される。

Stage 61 組織と細胞の結合

細胞外マトリックスと結合様式

動物の身体は，上皮組織，筋組織，神経組織，結合組織の4つの組織によって形成されていますが，こうした組織は細胞だけからつくられるわけではありません。細胞の周囲には，細胞から分泌されたタンパク質と多糖の複雑な網目状組織からなる**細胞外マトリックス**が存在していて，組織の形成をサポートしています。個体が大きくも強靭，かつしなやかでいられるのは，この細胞外マトリックスがあるためです。

例えば，動物の骨や腱などの結合組織には，大量の細胞外マトリックスである**コラーゲン**が存在しています。細胞はこの繊維状の巨大分子であるコラーゲンの中にまばらに散在して存在しているため，細胞同士が接着することはほとんどありません。つまり，骨や腱に加わる力は，細胞ではなくコラーゲンが受け止めます。一方，皮膚の表皮や消化管内腔の表面にある上皮組織は，細胞同士が強固に結合し，**上皮**と呼ばれる層を形成します。この細胞同士が結合した部位に細胞内の細胞骨格繊維が結合することで，細胞内に加わった力を横方向に伝えます。上皮を形成した細胞層は，

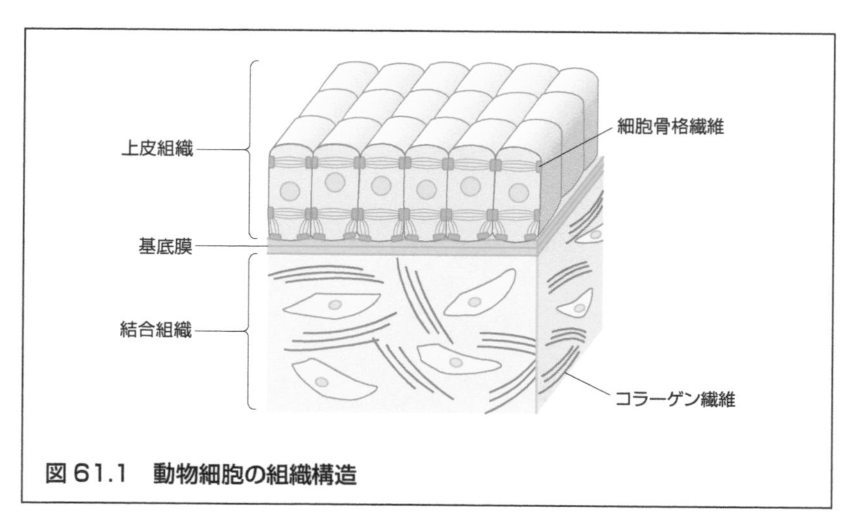

図 61.1 動物細胞の組織構造

基底膜と呼ばれる薄い層に存在する細胞外マトリックスと結合します（図61.1）。

組織中の細胞は，他の細胞や細胞外マトリックスとさまざまな様式で結合しています。結合の様式によっても，組織のはたらきは変わります。細胞の結合の様式について見ていきましょう。

固定結合は，細胞を他の細胞や細胞外マトリックスに固定させる結合です。機械的強度が高いため，筋肉や上皮の細胞によく見られます。**閉塞結合**は，上皮細胞の間隙を塞いで，液体の透過を防ぐ結合です。腸の上皮細胞は，密着結合によって取り込んだ栄養分が体内に漏れ出すのを防ぎます。**チャネル形成結合**は，隣り合う細胞の細胞質にタンパク質でできた通路を通す結合です。細胞間で物質をやりとりする細胞に見られます。また，神経細胞などの細胞は，**シグナル伝達結合**によってシナプスを形成し，細胞同士が接触している細胞膜を介してシグナルを伝えます（図61.2）。

細胞と細胞外マトリックスが結合することで，組織は強靭かつしなやかになります。また，この細胞外マトリックスの含有量や，細胞同士の結合の様式を変えることで，さまざまな組織が生み出されます。そのため，これらのしくみのどこかに欠陥が生じると疾患につながります。

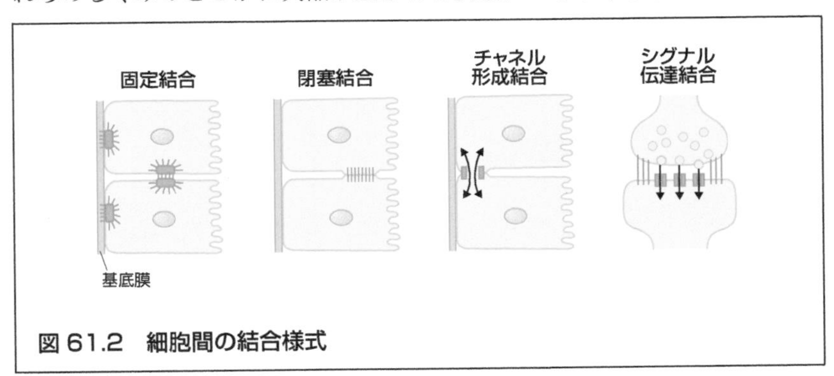

図 61.2　細胞間の結合様式

POINT 61

- 組織は細胞だけでなく，細胞外マトリックスによって形成をサポートされている。細胞外マトリックスの例にコラーゲンがある。
- 細胞や細胞外マトリックスは，固定結合，閉塞結合，チャネル形成結合，シグナル伝達結合などで結合している。

Stage 62 幹細胞

分裂・分化する機能を持った細胞

肝臓を部分的に切除しても，数日で元の大きさにまで戻ります。また，2つある腎臓のうち片側を切除しても，残った腎臓が大きくなって機能を補います。こうした現象は，細胞分裂を終えて G_0 期に移行していた肝臓や腎臓の細胞が，再び細胞周期を回して分裂して増えるために起こります。一方で，神経細胞や心筋細胞，視神経や聴覚神経は，完全に分化しているため，細胞分裂を再開することができません。

腸上皮細胞は，栄養素の吸収を行うため，日々損傷を受けており，古くなると腸からはがれます。それでも腸上皮細胞が枯渇しないのは，腸上皮組織の中に**幹細胞**が存在し，腸上皮細胞を日々産生しているためです（図62.1）。幹細胞は，小腸の絨毛（じゅうもう）の間の陰窩（いんか）と呼ばれるくぼみの底に存在していて，細胞分裂して2個の娘細胞になると，一方が分化して腸上皮細胞になります。もう一方の細胞は，幹細胞のまま留まります。幹細胞はこのような分裂を繰り返すことで，分化した細胞を供給し続けます（図62.2）。

多種類の細胞を産生する幹細胞もあります。例えば造血幹細胞は，赤血

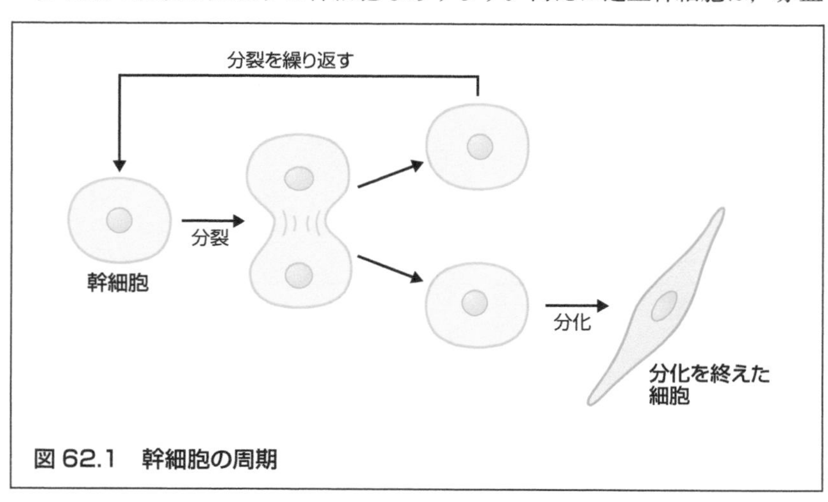

図 62.1 幹細胞の周期

球，白血球，単球などに分化する細胞をつくり出します。分化したあとでも，その組織や器官に特徴的な細胞を供給し続ける幹細胞のことを，**成体幹細胞**や**体性幹細胞**と呼びます。

骨格筋細胞は完全に分化した細胞であるため，幹細胞は存在しないと考えられていました。しかし，非常に少ない数ですが**衛星細胞**という幹細胞が存在することが発見されました。衛星細胞は，骨格筋細胞が損傷すると分化して筋線維となり，既存の筋線維と融合して骨格筋細胞を修復します。近年では脳，膵臓，歯にも幹細胞が発見されたという報告もなされています。

体性幹細胞以外に，生物の発生初期段階の胚には，どのような細胞にも分化する能力を持った幹細胞が存在します。これを**胚性幹細胞**（**ES 細胞**：embryonic stem cell）と呼びます。ES 細胞は将来何になるかほとんど決まっていない細胞であり，ほぼ無限に増殖させることができるため，再生医療をはじめとしたさまざまな研究に用いられています。

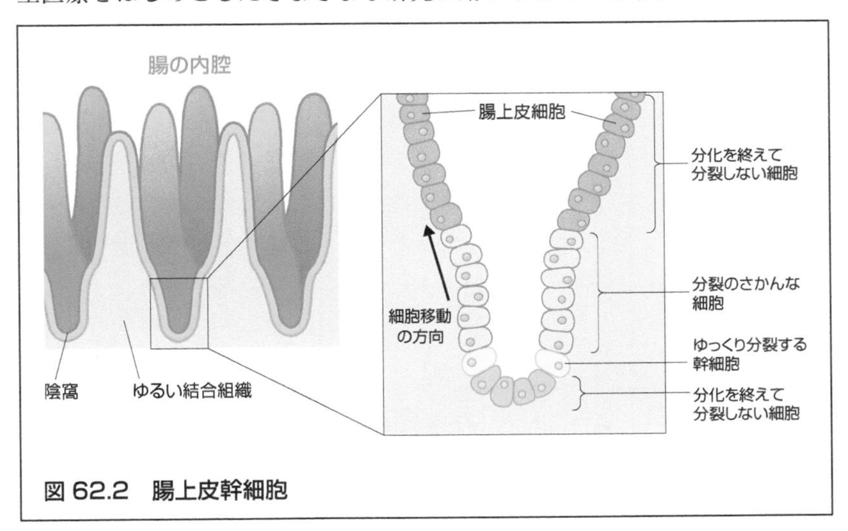

図 62.2 腸上皮幹細胞

POINT 62

- 組織や器官に特徴的な細胞を供給し続ける，分裂と分化する能力を持った細胞を幹細胞という。
- 生物の発生の初期段階の胚には，どのような細胞にも分化する能力を持った ES 細胞が存在する。

Stage 63 ホメオスタシス

生物の内部環境を常に一定な状態に保つしくみ

私たちヒトの器官系は外皮系に包まれて，外部環境から遮断された内部環境の中で機能しています。外部環境には，温度や湿度，日の長さ，病原体の有無といった物理的な要素や，酸素量や塩濃度のような化学的な要素がありますが，これらは時々刻々と変化するだけでなく，1日，あるいは1年を通して周期的に変化します。こうした外的環境の変化によって内部環境が変動しないよう，内部環境を常に一定な状態に保ったり，変動を極力狭い範囲に収めたりするしくみを**ホメオスタシス**（**恒常性**）と呼びます。

内部環境とは，具体的には体温，体内の酸素や二酸化炭素の濃度，体液の pH や浸透圧などです。これらを一定に保つためには，自律神経系（交感神経系と副交感神経系）と内分泌系，そして免疫系が共同して機能することが必要です（図 63.1）。

私たちの体温は，骨格筋の収縮によって起こる発熱や，細胞の代謝活動で発生する熱，太陽光の輻射熱や物体から伝わる熱，呼気によって失う熱などの総和によって決まり，血流を介して全身に伝えられます。ヒトの体は体温が約 37 度になるように設定されていますが，これよりも体温が下

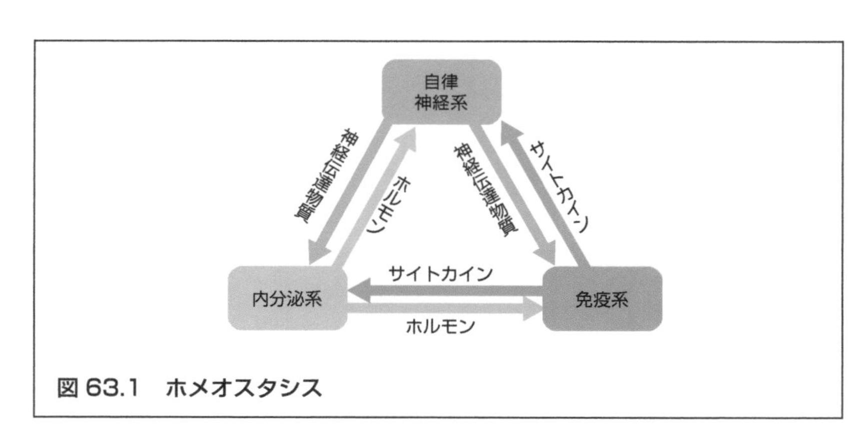

図 63.1 ホメオスタシス

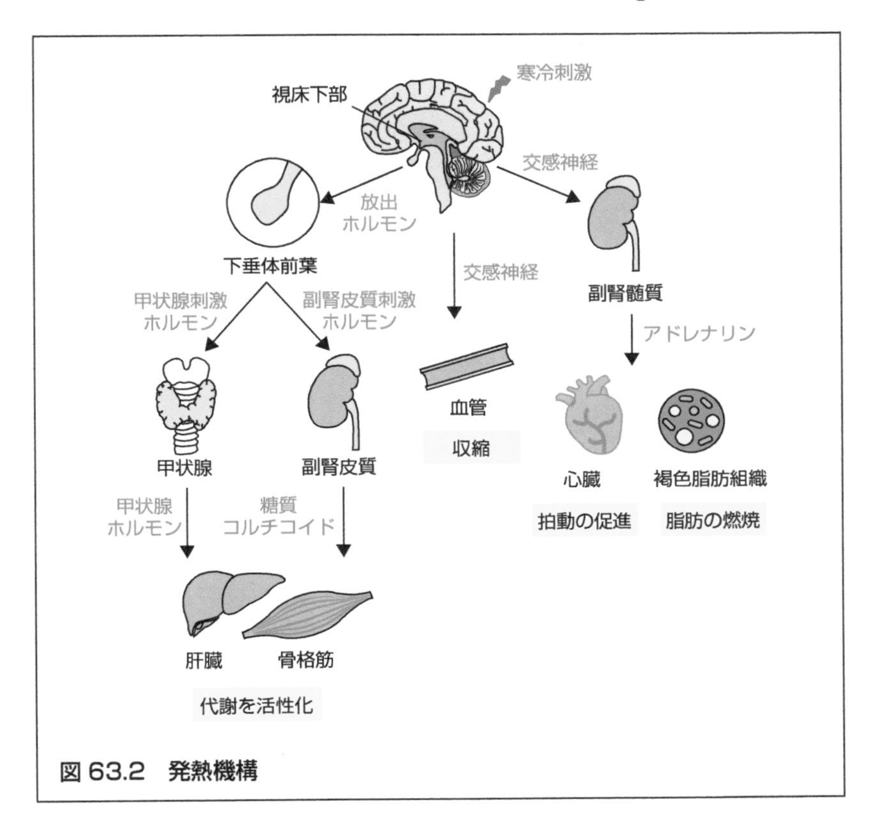

図 63.2　発熱機構

がると，体温低下の情報が脳の視床下部へ伝達されます。すると，交感神経を介して皮下の血管を収縮させ，体表から熱が失われるのを防ぎます。

また，視床下部から脳下垂体前葉にも情報が伝達され，甲状腺刺激ホルモンと副腎皮質刺激ホルモンが分泌されます。これらのホルモンは，それぞれ甲状腺には甲状腺ホルモン，副腎皮質には糖質コルチコイドの分泌を促します。分泌された甲状腺ホルモンや糖質コルチコイドは，骨格筋や肝臓に作

POINT 63

- 外部環境の変化によって内部環境が変動しないよう，一定な状態に保ったり，変動を極力小さい範囲に抑えたりするしくみをホメオスタシス（恒常性）という。
- 自律神経系，内分泌系，免疫系が共同してはたらくことでホメオスタシスが維持されている。

用して，代謝を活性化して発熱を促すことで，体温を上昇させます。

一方，視床下部から情報を受け取った交感神経は，副腎髄質からアドレナリンの分泌を促します。アドレナリンは心臓に作用して拍動を促進させます。また，アドレナリンは褐色脂肪組織にも作用します。これにより脂肪が燃焼され，熱産生が起こります。このように自律神経系と内分泌系は共同して急激な体温変化に対応しています（図 63.2）。

一方で，長期間寒冷環境にさらされると，エネルギーを脂肪として蓄積する白色脂肪組織では，脂肪燃焼と熱産生に関与する遺伝子の発現が起こり，寒冷環境に対抗できるようになります。

column

消化管ホルモン

食事をすると，血中の血糖値が上昇します。この上昇した血糖値を下げるために，膵臓のβ細胞はインスリンを分泌します。実は，このインスリンの分泌をさらに促進するホルモンがあります。それが，消化管の内分泌細胞が分泌する，**インクレチン**と呼ばれるホルモンです。

インクレチンには，十二指腸に存在するK細胞から分泌されるものと，小腸の下部に存在するL細胞から分泌されるものの2種類が存在します。このK細胞とL細胞の表面には，摂取した食物に含まれる物質を検知する，センサーの役割を持った受容体が多数存在しています。この受容体が甘味やうま味，脂質といった食事に含まれる味覚物質を受容すると，K細胞とL細胞はインクレチンを分泌します。つまり消化管は，消化管に取り込まれた食物を感受してインクレチンを分泌するのです。そして，インクレチンが膵臓のβ細胞に作用すると，インスリンの分泌が促進されます。

分泌されたインクレチンは，消化管内に張り巡らされている迷走神経にも作用します。この迷走神経は，脳の食欲を司る部位と接続しています。そのため，インクレチンが分泌されることで，食欲も抑えられます。さらに，インクレチンは胃にも作用して，胃の動きを抑え，消化管へ運ばれる食物量を調節することで，体内に取り込まれるエネルギー量を減らすように作用します。つまり，インクレチンはさまざまな方法で血糖値を下げるように作用するのです。

実は消化管が分泌するホルモンの多くは，例えばセロトニンのように，消化管だけでなく，脳にも存在します。そして，脳と消化管は互いに密に情報のやりとりを行うことで，消化管の機能や摂食調節，エネルギーの代謝や，はたまた情動において重要な役割を果たすことが明らかになってきました。このような脳と腸の関係は**脳腸相関**（brain-gut interaction），あるいは**脳腸軸**（brain-gut axis）と呼ばれて注目されています。

Stage 64 生体防御機構

自然免疫と獲得免疫

私たちの外的環境には，ウイルス，細菌，寄生虫などの病原体が存在し，体内に侵入する機会をうかがっています。そのため，個体には病原体の侵入を防御する高度なしくみが備わっています。例えば，口や鼻には粘膜があり，粘膜細胞が粘液を分泌しています。粘液には細胞壁を分解する**リゾチーム**が含まれており，粘液で捕捉した細菌を破壊することができます。粘液には**トランスフェリン**も含まれており，病原体の増殖に必要な鉄と結合することで，病原体の増殖を抑制します。気管の粘液でとらえた異物は，絨毛運動で口へ輸送され，痰として体外へ排出されます。

口から食道を通って胃に侵入した病原体は，胃液の強力な塩酸と，ペプシンと呼ばれるタンパク質分解酵素によって分解されます。皮膚の表面は

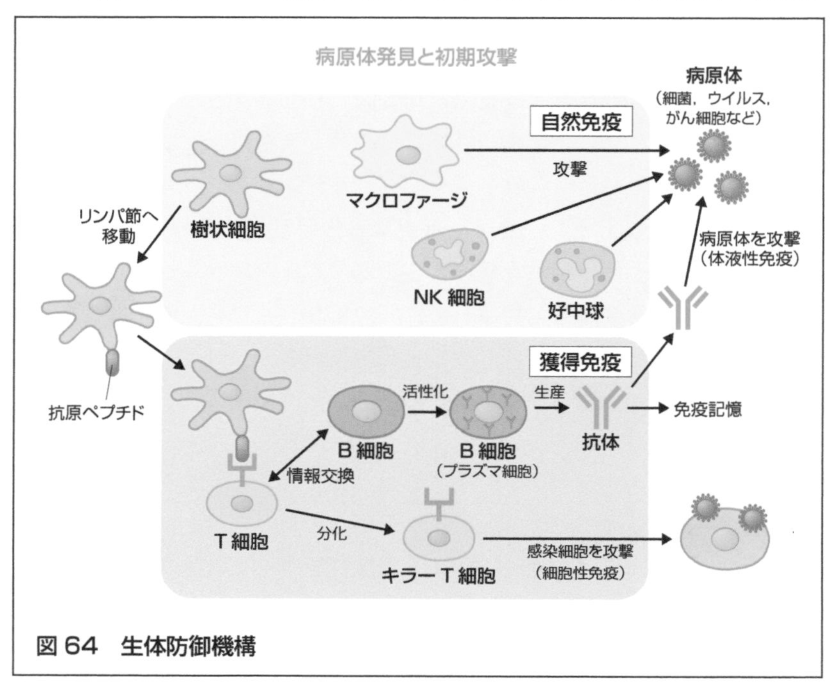

図 64　生体防御機構

乾燥しているだけでなく，常在菌によってpHが酸性になっているため，病原体の増殖が難しくなっています。皮膚の表面の細胞が常に新しいものと入れ替わることも，病原体を増殖しにくくしています。

皮膚に傷がついていて体内に病原体が侵入する場合もあります。そのような場合，傷ついた組織はヒスタミンを分泌します。ヒスタミンは毛細血管に作用し，血管内皮細胞同士の結合をゆるめ，血管からマクロファージと好中球を呼び込みます。すると，マクロファージと好中球は病原体を丸ごと取り込んで貪食し，破壊します。貪食と並行して，マクロファージはインターロイキンを分泌します。インターロイキンは，視床下部に作用して体温を上昇するように作用し，白血球の代謝を活性化して病原体の増殖を抑制します。一方，ウイルスに感染した細胞やがん細胞は，全身をパトロールしている**ナチュラルキラー細胞（NK 細胞）**によって破壊されます。この2つの防衛機構は，**非特異的な生体防御機構**と呼ばれ，生まれつき備わった防御機構です。実は，私たちヒトを含めた脊椎動物では，これらに加え，第3の防衛機構を用いて病原体を駆除しています。それが**特異的な生体防御機構**，いわゆる**免疫**です。

体内に侵入した病原体の増殖が速く，貪食作用で病原体を駆除できなかった場合，第3の防衛機構が作動します。その防衛方法には2種類あります。1つ目は**体液性免疫**です。これは，病原体の表面に存在するタンパク質や多糖類を異物，つまり**抗原**として認識し，免疫系の**B 細胞**が抗原に対する**抗体**を用意して破壊するしくみです。2つ目は，**細胞性免疫**です。これは，免疫系のT細胞が体内をパトロールして，ウイルスに感染した細胞を探し出し，細胞ごと破壊してしまうというものです。この体液性免疫

POINT 64

◆ 個体には，病原体の侵入を防御する機能が備わっている。
◆ 侵入した病原体やがん細胞を，マクロファージや好中球，ナチュラルキラー細胞によって破壊する非特異的な生体防御機構を自然免疫という。
◆ 生物には，病原体の一部を抗原として認識して抗体によって破壊するしくみや，ウイルスに感染した細胞を探し出して破壊するしくみがある。こうした特異的な生体防御機構を獲得免疫という。

と細胞性免疫をまとめて特異的な生体防御機構，あるいは**獲得免疫**と呼びます。一方，非特異的な生体防御機構は**自然免疫**とも呼びます（図 64）。

自然免疫と獲得免疫は，それぞれ独立して機能しているように思われるかもしれません。実はそうではなく，自然免疫と獲得免疫とをつなぐ重要な指令役が存在します。それが**樹状細胞**です。樹状細胞は，皮膚，気管や肺，胃や腸管，肝臓などに存在しており，病原体を発見すると貪食して，その異物の特徴を示す抗原を自分の細胞表面に提示します。すると，その情報はヘルパーT細胞に伝えられて，体液性免疫と細胞性免疫が活性化されます。役割を終えると，樹状細胞はアポトーシスによって取り除かれます。

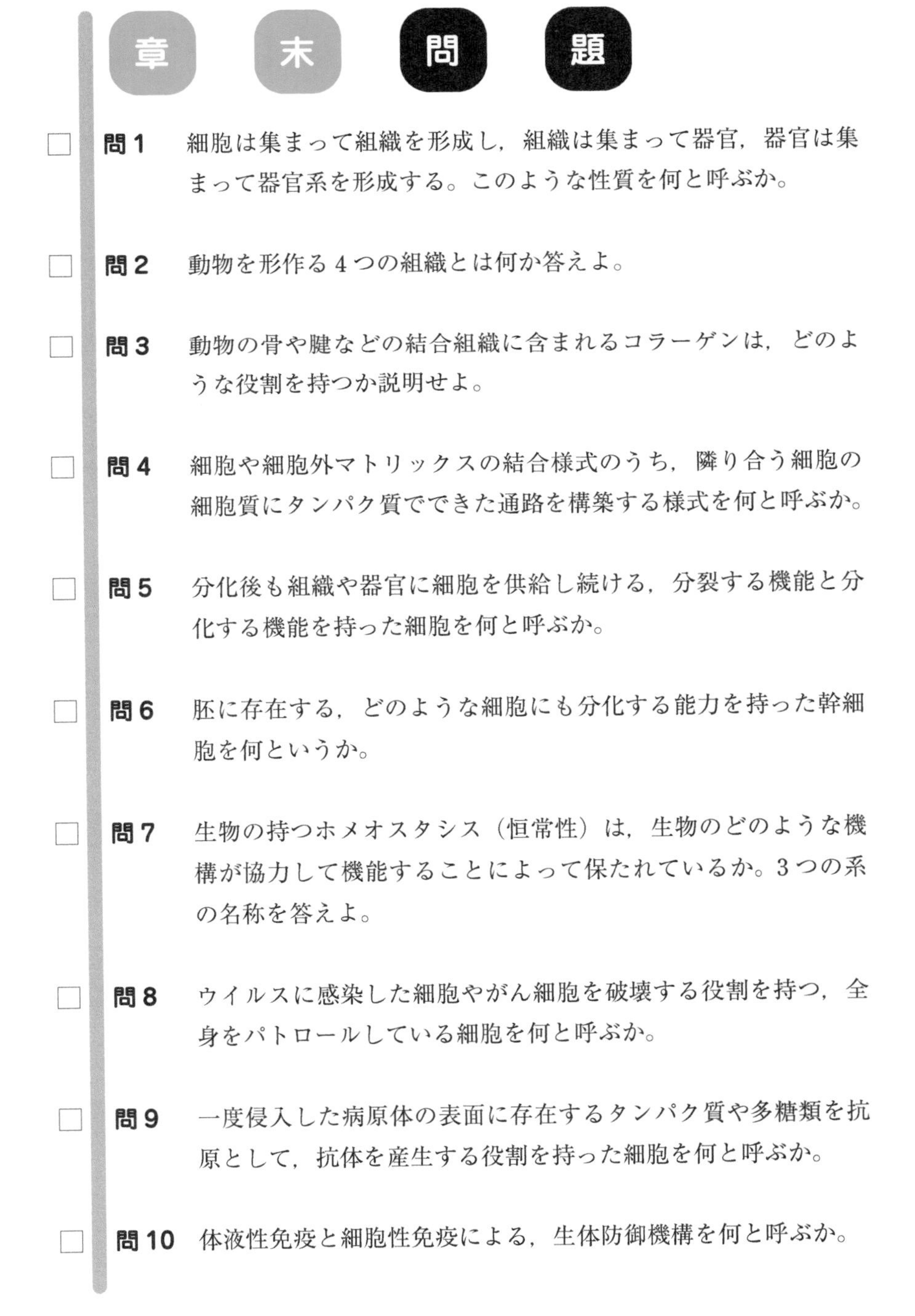

章末問題

□ **問1**　細胞は集まって組織を形成し，組織は集まって器官，器官は集まって器官系を形成する。このような性質を何と呼ぶか。

□ **問2**　動物を形作る4つの組織とは何か答えよ。

□ **問3**　動物の骨や腱などの結合組織に含まれるコラーゲンは，どのような役割を持つか説明せよ。

□ **問4**　細胞や細胞外マトリックスの結合様式のうち，隣り合う細胞の細胞質にタンパク質でできた通路を構築する様式を何と呼ぶか。

□ **問5**　分化後も組織や器官に細胞を供給し続ける，分裂する機能と分化する機能を持った細胞を何と呼ぶか。

□ **問6**　胚に存在する，どのような細胞にも分化する能力を持った幹細胞を何というか。

□ **問7**　生物の持つホメオスタシス（恒常性）は，生物のどのような機構が協力して機能することによって保たれているか。3つの系の名称を答えよ。

□ **問8**　ウイルスに感染した細胞やがん細胞を破壊する役割を持つ，全身をパトロールしている細胞を何と呼ぶか。

□ **問9**　一度侵入した病原体の表面に存在するタンパク質や多糖類を抗原として，抗体を産生する役割を持った細胞を何と呼ぶか。

□ **問10**　体液性免疫と細胞性免疫による，生体防御機構を何と呼ぶか。

□ **問 11**　上皮細胞の間隔を塞いで，液体の透過を防ぐ結合を何と呼ぶか。

□ **問 12**　外的環境の変化によって内部環境が変動しないように，内部環境を常に一定の状態に保ったり，変動を極力狭い範囲におさめたりするしくみを何と呼ぶか。

□ **発展**　ヒト免疫不全ウイルス（HIV : human immunodeficiency virus）は，ヘルパーT細胞に感染するウイルスである。HIV に感染すると，一定の潜伏期間を経過したのち，ヘルパーT細胞の数が著しく減少する。すると，健康であるならばまず発症することのない，ニューモシスチス肺炎やサイトメガロウイルス感染による感染症を発症してしまう。なぜこのような感染症を発症するのだろうか。説明せよ。

解　答

問 1　階層性
問 2　上皮組織，筋組織，神経組織，結合組織
問 3　骨や腱に加わる力を受け止める役割
問 4　チャネル形成結合
問 5　体性幹細胞（成体幹細胞）
問 6　胚性幹細胞（ES 細胞）
問 7　自律神経系，内分泌系，免疫系
問 8　ナチュラルキラー細胞（NK 細胞）
問 9　B 細胞
問 10　獲得免疫
問 11　閉塞結合
問 12　ホメオスタシス（恒常性）
発展　HIV に感染してヘルパーT細胞数が減少すると，全身の免疫機能全体が低下してしまう。この病態を後天性免疫不全症候群（AIDS : acquired immunodeficiency syndrome）と呼ぶ。このような状態になると，健康なときは免疫反応によって抑制されている病原体が増殖し，感染症を引き起こす。これは，免疫機能が低下した AIDS などの患者にとっては致命的な感染症になりうる。

参考図書

- ブルース・アルバーツ ほか(著)，中村桂子，松原謙一(監訳)（2017），細胞の分子生物学 第6版，ニュートンプレス
- ブルース・アルバーツ ほか(著)，中村桂子，松原謙一，榊佳之，水島昇(監訳)（2021），Essential 細胞生物学　原書第5版，南江堂
- 坪井貴司(2019)，知識ゼロからの東大講義　そうだったのか！ヒトの生物学，丸善出版
- 北口哲也，塚原伸治，坪井貴司，前川文彦(2016)，みんなの生命科学，化学同人
- 嶋田正和，上村慎治，増田建，道上達男(編)（2019)，生物学入門 第3版，東京化学同人
- 和田勝(2020)，基礎から学ぶ生物学・細胞生物学 第4版，羊土社
- 丸山敬(2021)，休み時間の薬理学 第3版，講談社
- 大西正健(2010)，休み時間の生化学，講談社
- 朝倉幹晴(2008)，休み時間の生物学，講談社
- 黒田裕樹(2020)，休み時間の分子生物学，講談社
- 京都大学大学院生命科学研究科（編）（2018)，京大発！　フロンティア生命科学，講談社
- 亀井碩哉（2015)，ひとりでマスターする生化学，講談社
- 田村隆明（2022)，大学1年生の　なっとく！生物学 第2版，講談社
- 尾張部克志，神谷律(編)（2009)，ベーシックマスター細胞生物学，オーム社
- 東京大学生命科学教科書編集委員会(2020)，現代生命科学 第3版，羊土社
- 東京大学生命科学教科書編集委員会(2020)，理系総合のための生命科学 第5版，羊土社

索　引

さ

た

な

は

ま

や

ら

欧文・数字

著者紹介

坪井貴司

浜松医科大学大学院医学系研究科博士課程修了。博士（医学）。
現在，東京大学大学院総合文化研究科教授。日本生理学会奨励賞，日本神経科学学会奨励賞，文部科学大臣表彰若手科学者賞を受賞。専門は，分泌生理学，内分泌学，神経科学。基礎・応用の両面から，腸内細菌がどのように腸管のホルモン分泌機能を調節し，摂食や認知機能を制御するのか研究している。著訳書に『知識ゼロからの東大講義　そうだったのか！ヒトの生物学』丸善出版（2019年），『知識ゼロからの東大講義　そこが知りたい！ ヒトの生物学 2時限目』丸善出版（2023年），『みんなの生命科学』化学同人（共著，2016年），『キャンベル生物学 原書11版』丸善出版（分担翻訳，2018年），『魅惑の生体物質をめぐる光と影 ホルモン全史』化学同人（単訳，2022年），『マリエル生命科学』化学同人（監修，2023年）がある。

NDC 463　191 p　21cm

休み時間シリーズ

休み時間の細胞生物学　第2版

2023年9月27日　第1刷発行

著　者　坪井貴司

発行者　髙橋明男

発行所　株式会社　講談社　KODANSHA

〒112-8001　東京都文京区音羽2-12-21

販　売　(03)5395-4415

業　務　(03)5395-3615

編　集　株式会社　講談社サイエンティフィク

代表　堀越俊一

〒162-0825　東京都新宿区神楽坂2-14　ノービィビル

編　集　(03)3235-3701

本文データ制作　株式会社　双文社印刷

印刷・製本　株式会社　ＫＰＳプロダクツ

落丁本・乱丁本は，購入書店名を明記のうえ，講談社業務宛にお送り下さい。送料小社負担にてお取替えします。なお，この本の内容についてのお問い合わせは講談社サイエンティフィク宛にお願いいたします。定価はカバーに表示してあります。

© Takashi Tsuboi, 2023

本書のコピー，スキャン，デジタル化等の無断複製は著作権法上での例外を除き禁じられています。本書を代行業者等の第三者に依頼してスキャンやデジタル化することはたとえ個人や家庭内の利用でも著作権法違反です。

JCOPY 〈(社)出版者著作権管理機構 委託出版物〉

複写される場合は，その都度事前に(社)出版者著作権管理機構（電話 03-5244-5088，FAX 03-5244-5089，e-mail : info@jcopy.or.jp）の許諾を得て下さい。

Printed in Japan

ISBN 978-4-06-531787-7